人民防空工程防护设备选用图集

RFJ01-2008

批准部门：国 家 人 民 防 空 办 公 室
主编单位：总参工程兵第四设计研究院
施行日期：2 0 0 8 年 1 月 10 日

中 国 计 划 出 版 社

图书在版编目（CIP）数据

人民防空工程防护设备选用图集 RFJ01-2008/ 国家人民防空办公室编 .—北京：中国计划出版社，2008.1（2023.1 重印）
ISBN 978-7-80242-046-5

I. 人… Ⅱ . 国… Ⅲ . 人防工程—防空设备—图集 Ⅳ .TU927 -64

中国版本图书馆 CIP 数据核字（2007）第 204514 号

人民防空工程防护设备选用图集
RFJ01－2008
国家人民防空办公室

中国计划出版社出版发行
网址：www.jhpress.com
地址：北京市西城区木樨地北里甲 11 号国宏大厦 C 座 3 层
邮政编码：100038　电话：（010）63906433（发行部）
三河富华印刷包装有限公司印刷

787mm × 1092mm　1/16　6.5 印张　139 千字
2008 年 1 月第 1 版　2023 年 1 月第 13 次印刷
印数 63001—66000 册

ISBN 978-7-80242-046-5
定价：30.00 元
（系统发行　注意保存）

关于颁发《人民防空工程防护设备选用图集》的通知

国人防［2008］18号

各军区人民防空办公室，各省、自治区、直辖市人民防空办公室，中央直属机关、中央国家机关人民防空办公室：

为配合《人民防空工程设计规范》GB50225—2005、《人民防空地下室设计规范》GB50038—2005的执行，由总参工程兵第四设计研究院主编的《人民防空工程防护设备选用图集》已经审查通过，为国家行业标准，现予批准颁发，编号为RFJ01—2008，自即日起施行。2005年3月15日颁发的《人防工程防护设备冬集》RFJ01—2005中涉及原5、6级防护设备部分的内容同时废止。

《人民防空工程防护设备选用图集》由国家人民防空办公室管理，总参工程兵第四设计研究院负责解释并印刷出版发行。

国家人民防空办公室

2008年1月10日

选　用　说　明

一、适用范围

本图集适用于属于下列抗力级别范围内的甲、乙类新建、扩建的坑道、地道和单建掘开式人防工程，人民防空地下室，以及地下空间兼顾人防需要的工程。

1. 防核武器抗力级别为5级、6级和6B级；

2. 防常规武器抗力级别为5级和6级。

二、编制依据

《人民防空工程设计规范》GB 50225—2005

《人民防空地下室设计规范》GB 50038—2005

《防护工程防护设备和消波系统技术规范》GJB 3137—1997

《防护工程防电磁脉冲设计规范》GJB 3928—2000

《钢结构设计规范》GB 50017—2003

《混凝土结构设计规范》GB 50010—2002

三、防护设备设置要求

1. 人防工程口部的第一道防护密闭门、活门不宜设置在受常规武器或其破片直接命中的部位。

2. 胶管式防爆波活门不得设置在排烟口和受核爆炸光辐射直接作用的部位。

3. 专为平时使用而开设的孔口宜采用防护密闭门进行封堵。

4. 孔口防护设备的平战功能转换应在紧急转换时限（3天）内完成。

5. 有防化要求的人防工程，应设置防毒（密闭）通道，防毒（密闭）通道应设置防护密闭门和密闭门各一道或两道密闭门。

6. 无防化要求的人防工程，口部宜设置防护密闭门一道。

7. 具有人员掩蔽功能的人防工程，当扩散室检查门直接通向工程内清洁区时，应设置防护密闭门和密闭门各一道。

8. 下列部位应设置密闭门：

（1）洗消间淋浴室的入口、简易洗消间的出口；

选 用 说 明

（2）预滤室、滤毒室、除尘滤毒室的入口。

9．扩散室活门侧向冲击波设置时，活门应嵌入墙内。

四、图集内容

本图集共包含九部分36种类型的防护设备，具体内容见下表：

序号	防护设备类型	主要材质
第一部分	**钢筋混凝土防护密闭门与密闭门**	
1	钢筋混凝土单扇防护密闭门	钢筋混凝土
2	钢筋混凝土单扇密闭门	钢筋混凝土
3	钢筋混凝土活门槛单扇防护密闭门	钢筋混凝土
4	钢筋混凝土活门槛单扇密闭门	钢筋混凝土
第二部分	**钢结构防护密闭门与密闭门**	
5	钢结构单扇防护密闭门	钢
6	钢结构单扇密闭门	钢
7	钢结构双扇防护密闭门	钢
8	钢结构双扇密闭门	钢
9	钢结构活门槛单扇防护密闭门	钢
10	钢结构活门槛单扇密闭门	钢
11	钢结构活门槛双扇防护密闭门	钢
12	钢结构活门槛双扇密闭门	钢
13	降落式双扇防护密闭门	钢
14	降落式双扇密闭门	钢
15	新型降落式双扇防护密闭门	钢
16	新型降落式双扇密闭门	钢
17	连通口双向受力双扇防护密闭门	钢
18	坡道内开式双扇防护密闭门	钢
第三部分	**防护密闭屏蔽门与密闭屏蔽门**	
19	防护密闭屏蔽门	钢

选 用 说 明

序号	防护设备类型	主要材质
20	密闭屏蔽门	钢
第四部分	**电控防护密闭门与密闭门**	
21	电控防护密闭门	钢
22	电控密闭门	钢
23	电控密闭屏蔽门	钢
第五部分	**防护防火密闭门与防火密闭门**	
24	防护防火密闭门	钢
25	防火密闭门	钢
第六部分	**密闭观察窗**	
26	密闭观察窗	玻璃
27	密闭屏蔽观察窗	屏蔽玻璃
第七部分	**防爆波活门**	
28	胶管式防爆波活门	橡胶（活门）
29	悬摆式防爆波活门	钢

序号	防护设备类型	主要材质
30	悬摆式防爆波屏蔽活门	钢
31	防爆超压排气活门	铝合金
第八部分	**密闭阀门**	
32	手动双连杆密闭阀门	钢（阀板）
33	手电动双连杆密闭阀门	钢（阀板）
第九部分	**防护密闭封堵板**	
34	通风口双向受力防护密闭封堵板	钢
35	连通口双向受力防护密闭封堵板	钢
36	临空墙防护密闭封堵板	钢

五、防护设备选用规定

1. 出入口、通风口用防护设备，其编号中（5）表示防护密闭门或活门的设计压力值为0.3MPa，（6）表示防护密闭门或活门的设计压力值为0.15MPa。

选 用 说 明

2. 防护单元连通口用防护设备，其编号中（5）表示防护密闭门的设计压力值为0.1MPa，（6）表示防护密闭门的设计压力值为0.05MPa。

3. 当选用的防护设备无对应抗力级别的定型产品时，不得用两道或多道低抗力的防护设备代替，可选用较高一级抗力的定型产品。如当设计需选用设计压力值为0.1MPa的防护单元连通口用防护设备时，可选用设计压力值为0.15MPa的防护设备。

4. 当消波系统选用较高一级抗力的悬摆式防爆波活门时，其消波率应乘以0.8的折减系数。

5. 应根据不同的人防工程类型、抗力级别、孔口尺寸以及设置位置，选用相应型号的防护设备。

6. 本图集所示的各类单扇防护设备未特别注明时均默认为“右开”门（由外向里看，铰页位于右侧）；若需选用“左开”门，除在图上注明开启方向外，还应在所选单扇防护设备型号后加注“左开”字样，如“GHFM1020（6）左开”。

六、防护设备的特点与编号

1. 钢筋混凝土单扇防护密闭门与密闭门。

此类门的特点是门扇为钢筋混凝土结构，具有固定门槛，密闭措施采用嵌压梯形海绵胶条密封型式，密闭性能可靠，使用、维护方便，但门扇质量较重。编号示例：

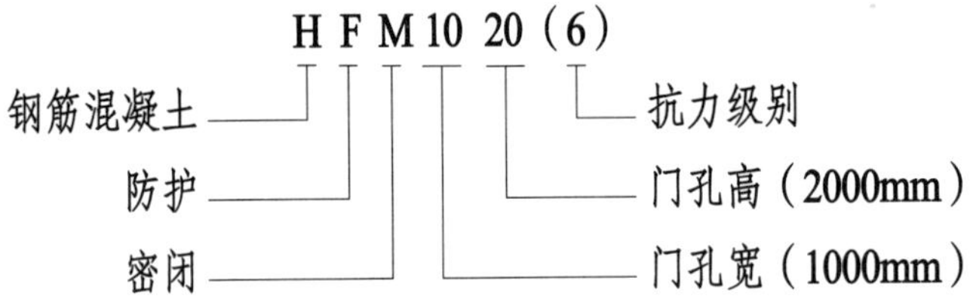

2. 钢筋混凝土活门槛单扇防护密闭门与密闭门。

此类门的特点是平时不设门槛，地面平整，便于人员或车辆通行；战时快速设置门槛，以满足防护、密闭要求。编号示例：

选 用 说 明

HHFM12 20（5）

- 钢筋混凝土 — H
- 活门槛 — H
- 防护 — F
- 密闭 — M
- 门孔宽（1200mm） — 12
- 门孔高（2000mm） — 20
- 抗力级别 — （5）

3．钢结构单、双扇防护密闭门与密闭门。

此类门的特点是具有固定门槛，门扇为梁板结构。编号示例：

GSFM40 25（5）

- 钢结构 — G
- 双扇 — S
- 防护 — F
- 密闭 — M
- 门孔宽（4000mm） — 40
- 门孔高（2500mm） — 25
- 抗力级别 — （5）

4．钢结构活门槛单、双扇防护密闭门与密闭门。

此类门的特点是平时不设门槛，地面平整，便于人员或车辆通行；战时快速设置门槛，以满足防护、密闭要求。编号示例：

GHSFM60 30（6）

- 钢结构 — G
- 活门槛 — H
- 双扇 — S
- 防护 — F
- 密闭 — M
- 门孔宽（6000mm） — 60
- 门孔高（3000mm） — 30
- 抗力级别 — （6）

5．降落式双扇防护密闭门与密闭门。

此类门的特点是平时地面无门槛，便于人员或车辆通行；战时将门扇立转、降落及平移，以满足防护、密闭要求，其上带有方便人员临时出入的小门，平战转换快捷。新型降落门改进了其升降机构，操作更为方便。编号示例：

JSFM50 25（5）A

- 降落式 — J
- 双扇 — S
- 防护 — F
- 密闭 — M
- 门孔宽（5000mm） — 50
- 门孔高（2500mm） — 25
- 抗力级别 — （5）
- 新型 — A

选 用 说 明

6. 连通口双向受力双扇防护密闭门。

此类门设置在两个相邻防护单元连通口的防护密闭隔墙上。其特点是地面平整无门槛，可双向分别受力，双向密闭，平战转换快捷。编号示例：

G S F M G 60 25（6）

- 钢结构 — G
- 双扇 — S
- 防护 — F
- 密闭 — M
- 连通口隔断 — G
- 门孔宽（6000mm）— 60
- 门孔高（2500mm）— 25
- 抗力级别 — (6)

7. 坡道内开式双扇防护密闭门。

此类门适合于设置在地下人防工程出入口的坡道终端，门扇设计为反向受力，向工程内部开启，平时没有凸出地面的门槛，平战转换快捷。编号示例：

N S F M 60 25（6）

- 坡道内开式 — N
- 双扇 — S
- 防护 — F
- 密闭 — M
- 门孔宽（6000mm）— 60
- 门孔高（2500mm）— 25
- 抗力级别 — (6)

8. 单扇防护密闭屏蔽门与密闭屏蔽门。

此类门具有防护、密闭、屏蔽或密闭、屏蔽的复合功能，其防电磁脉冲能力为Ⅱ级。编号示例：

F M P 15 20（5）

- 防护 — F
- 密闭 — M
- 屏蔽 — P
- 门孔宽（1500mm）— 15
- 门孔高（2000mm）— 20
- 抗力级别 — (5)

9. 悬摆式防爆波（屏蔽）活门。

此类悬摆式活门为钢结构，使用、维护方便，适用于进、排风口和排烟口。其中悬摆式防爆波屏蔽活门是在普通悬摆式防爆波活门的基础上增加了屏蔽功能，其防电磁脉冲能力为Ⅱ级。编号示例：

选 用 说 明

H K P 800（5）

- H — 活门
- K — 门式内外可开
- P — 屏蔽
- 800 — 风管直径（800mm）
- （5）— 抗力级别

10. 密闭（屏蔽）观察窗。

密闭观察窗是具有一定密闭性能的人员观察设备，一般安装在工程设备房间密闭隔墙的观察孔上，既能密闭，又可透视。密闭屏蔽观察窗是在普通密闭观察窗的基础上增加了屏蔽功能，其防电磁脉冲能力为Ⅱ级。编号示例：

M G C P 12 08

- M — 密闭
- G — 观察
- C — 窗
- P — 屏蔽
- 12 — 窗孔宽（1200mm）
- 08 — 窗孔高（800mm）

11. 防护、防火、密闭门。

该类门共有防护防火密闭门与防火密闭门两种类型，显著特点是防火能力强，门扇中有防火填料，除具有普通防护密闭门或密闭门的功能外还能防火、防烟，其防火等级为甲级。编号示例：

F FH M 10 20（6）

- F — 防护
- FH — 防火
- M — 密闭
- 10 — 门孔宽（1000mm）
- 20 — 门孔高（2000mm）
- （6）— 抗力级别

12. 电控门。

电控门分电控防护密闭门、电控密闭门及电控密闭屏蔽门三大类，其中电控密闭屏蔽门的防电磁脉冲能力为Ⅲ级。该类电控门手动轻便灵活，为一机两用电控门，即开关门与开关锁共用一个动力装置，具有就地控制、远程控制及智能控制（门禁系统）三种控制方式，并可根据工程需要加装安全监控和电磁锁装置。有下列要求之一时，宜采用手动、电动两用的防护设备：

（1）安装位置处于手动操作不便的场所；

（2）有自动控制、远程控制或智能控制要求；

选 用 说 明

（3）有启闭时间要求。

电控门的编号示例：

DFMP 13 20（5）

- 电控 —— D
- 防护 —— F
- 密闭 —— M
- 屏蔽 —— P
- 门孔宽（1300mm）—— 13
- 门孔高（2000mm）—— 20
- 抗力级别 ——（5）

13．防爆超压排气活门。

此类活门是具有防爆波性能的自动排气活门。其特点是在通风超压作用下可自动开启排气，当隔绝防护时可锁住，以满足防护、密闭要求。编号示例：

FCH 300（5）

- 防爆 —— F
- 超压排气 —— C
- 活门 —— H
- 风管直径（300mm）—— 300
- 抗力级别 ——（5）

14．胶管式防爆波活门。

此类活门的特点是消波率高，是一种在冲击波超压作用下能迅速关闭的活门。胶管变形后，将绝大部分冲击波超压堵截在工程外面。当作用在胶管式防爆波活门上的空气冲击波超压设计值不大于 0.3MPa 时，消波系统可取消扩散室，直接采用胶管式防爆波活门。编号示例：

KJH 1000（5）

- 门式内外可开 —— K
- 胶管式 —— J
- 活门 —— H
- 风管直径（1000mm）—— 1000
- 抗力级别 ——（5）

15．密闭阀门。

此阀门分为手动双连杆密闭阀门和手电动双连杆密闭阀门两类，设置在通风系统中，其特点是能阻止毒剂通过管道进入工程内部，也可用于转换通风方式。编号示例：

选 用 说 明

D(S)MF 50

- 手电动 —— D
- 手动 —— (S)
- 密闭 —— M
- 阀门 —— F
- 风管直径（500mm）—— 50

16. 防护密闭封堵板。

此封堵板可用于封堵平时使用、战时不用的孔口。其特点是平时可以不安装封堵板（但要加工好放在附近的指定位置），战时根据事先设定的转换时限将封堵板进行快速安装，以满足防护、密闭的要求。根据其设置位置的不同可分为防护单元通风口或连通口用双向受力防护密闭封堵板（编号中无“L”）和临空墙防护密闭封堵板两大类。编号示例：

L F M D B 50 30 (6)

- 临空墙 —— L
- 防护 —— F
- 密闭 —— M
- 封堵 —— D
- 板 —— B
- 封堵孔宽度（5000mm）—— 50
- 封堵孔高度（3000mm）—— 30
- 抗力级别 —— (6)

七、防护设备的维护、保养要求

门扇、门框、闭锁、铰页及其它所有零部件齐全并完好无损，所有金属件面漆完整，无锈斑。门扇与门框贴合良好，门扇启闭灵活。防护设备交付使用后，每年应至少进行一次全面维护、保养。密封条应保持完好并涂滑石粉保护，密封条的使用年限为十年，发现老化应及时更换。各运动零部件及加油孔每年应至少进行一次涂油及注油。

八、生产、安装与验收

1. 与土建配合的防护设备预埋件如门框等（含封堵框）是防护设备产品的一部分，由防护设备生产厂家进行加工及预埋。

2. 人防工程防护设备的生产与安装必须由国家人民防空办公室批准的人防工程防护设备定点生产和安装企业承担。防护设备的生产、出厂检验、安装施工及竣工验收应符合《人民防空工程防护设备产品质量检验

选 用 说 明

与施工验收标准》（RFJ01—2002）的规定。

九、其它

1. 图中尺寸标注未注明的单位均以毫米计。

2. 工程需要但图集中没有的防护设备属于异型防护设备，可委托我院进行非标设计。

3. 本图集仅供国内使用，限于国内发行，不得外传和翻印。

4. 联系方式：

地址：北京市海淀区太平路 24 号

邮政编码：100036

联系电话：010—66860245

传真：010—68213494

5. 主要编制人：黄静华、杨洁、王阳明、杨海平、卢绪智、胡圣伟、刘首、张庚申、郝鲁波、潘峰、张顺福、王家宝

目　录

目　　录

目　　录

第一部分

钢筋混凝土防护密闭门与密闭门

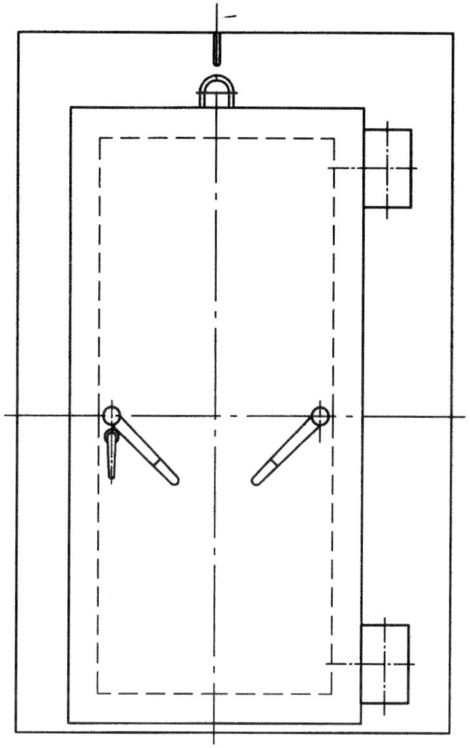

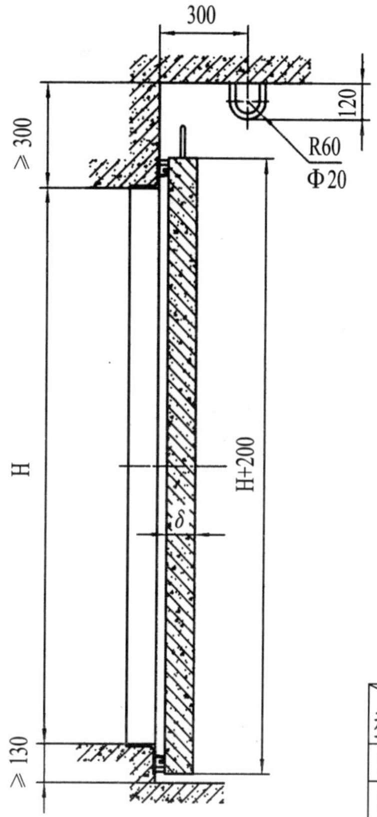

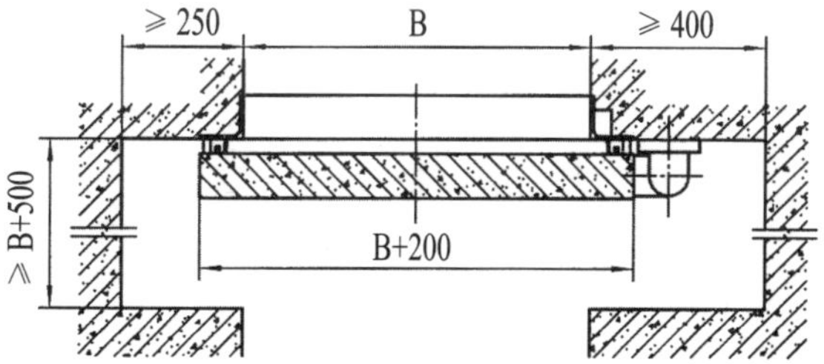

参数 型号	门孔宽 B	门孔高 H	门扇厚 δ	总质量(kg)
HFM0820(6)	800	2000	100	940
HFM0920(6)	900	2000	100	1005
HFM1020(6)	1000	2000	100	1068
HFM1220(6)	1200	2000	126	1437
HFM1320(6)	1300	2000	126	1505
HFM1520(6)	1500	2000	126	1682
HFM1820(6)	1800	2000	140	2116
HFM2020(6)	2000	2000	140	2282

钢筋混凝土单扇防护密闭门（一）	页 次	1

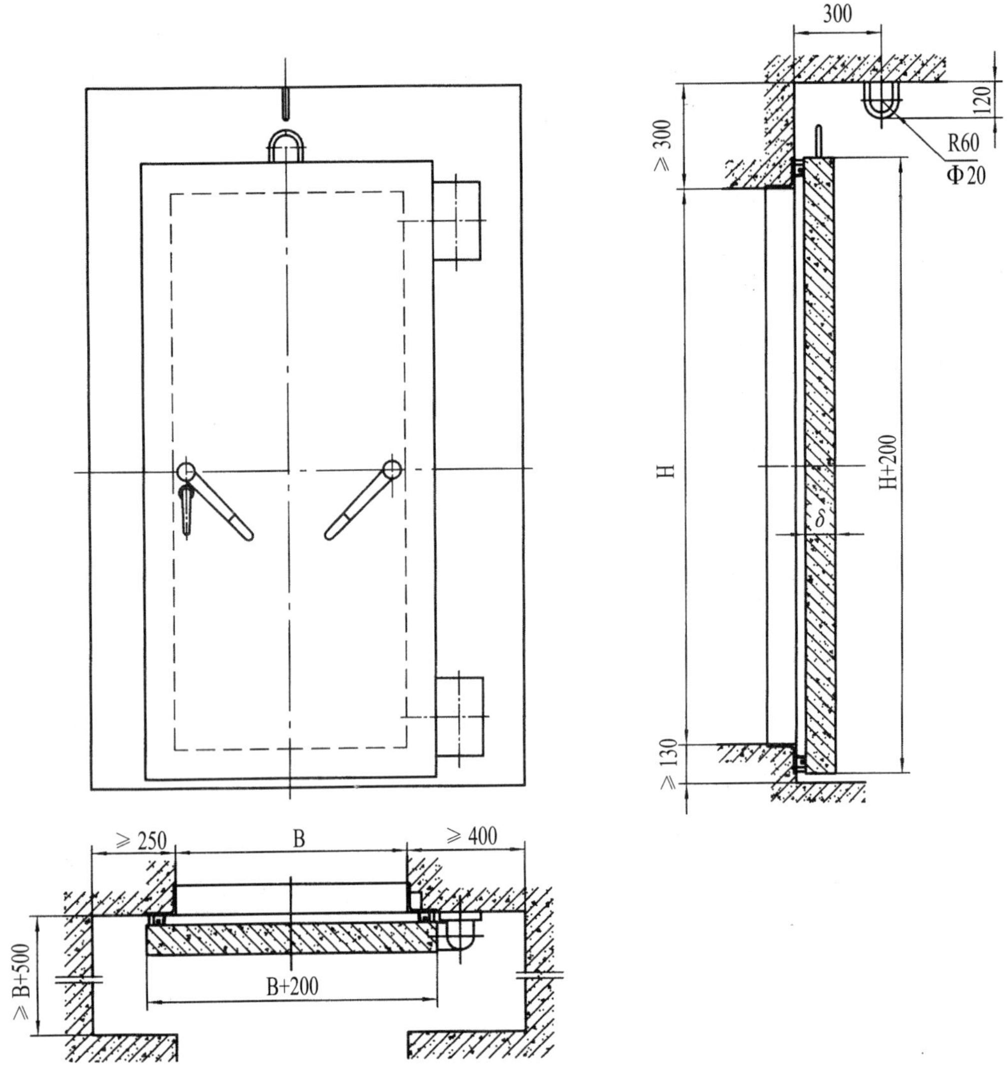

参数 型号	门孔宽 B	门孔高 H	门扇厚 δ	总质量(kg)
HFM0716 (5)	700	1600	100	756
HFM0820 (5)	800	2000	100	948
HFM0916 (5)	900	1600	100	875
HFM0918 (5)	900	1800	100	940
HFM0920 (5)	900	2000	126	1211
HFM1020 (5)	1000	2000	126	1278
HFM1118 (5)	1100	1800	126	1283
HFM1220 (5)	1200	2000	140	1586
HFM1320 (5)	1300	2000	140	1670
HFM1520 (5)	1500	2000	160	2084
HFM2020 (5)	2000	2000	180	2883

钢筋混凝土单扇防护密闭门（二）	页 次	2

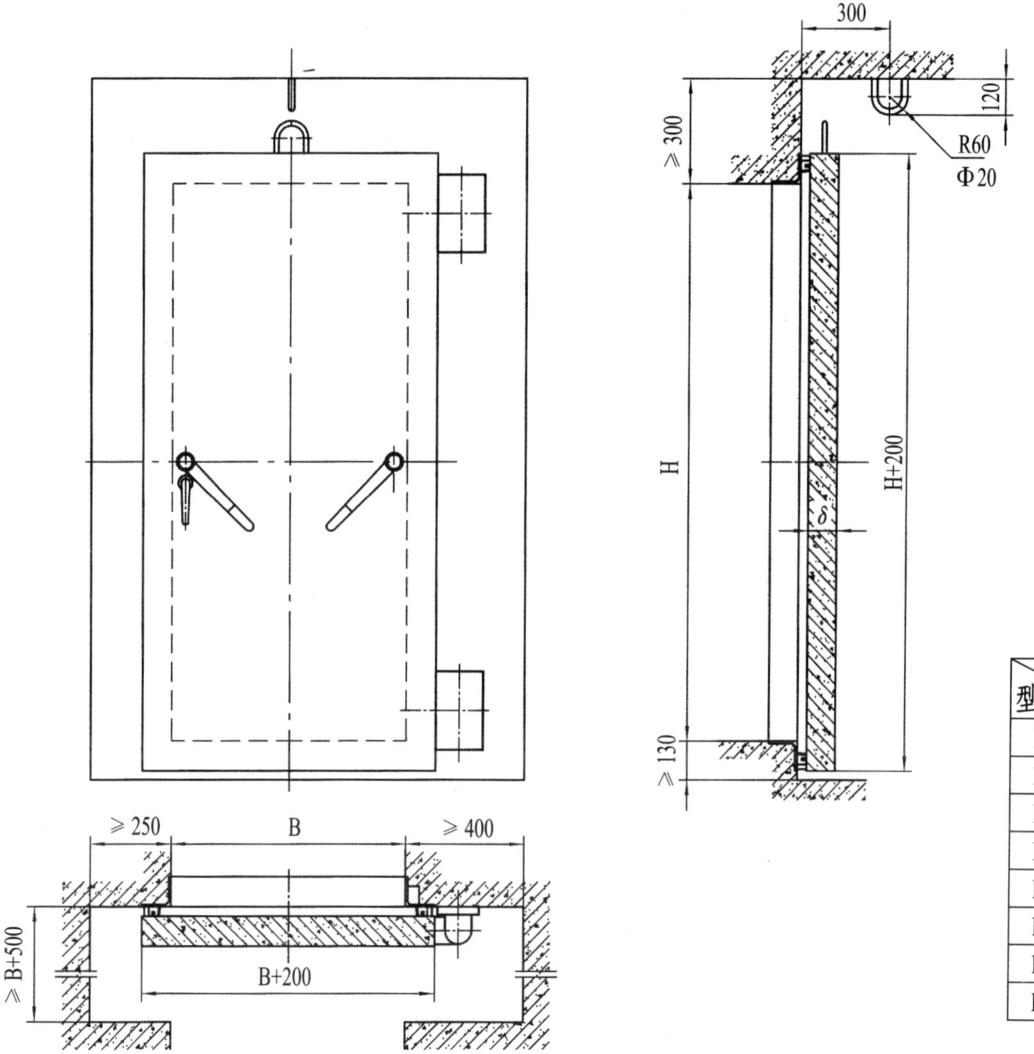

参数 型号	门孔宽 B	门孔高 H	门扇厚 δ	总质量(kg)
HM0716	700	1600	100	747
HM0820	800	2000	100	930
HM0920	900	2000	100	995
HM1020	1000	2000	100	1048
HM1220	1200	2000	100	1190
HM1320	1300	2000	100	1247
HM1520	1500	2000	126	1635
HM2020	2000	2000	126	2064

钢筋混凝土单扇密闭门

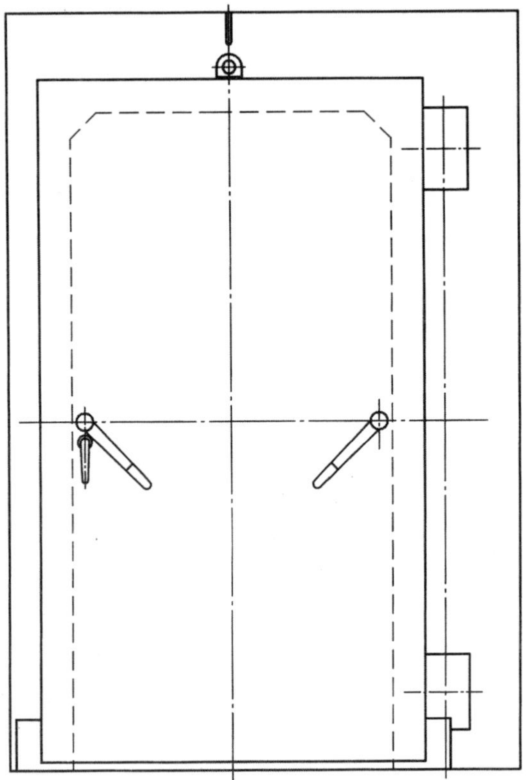

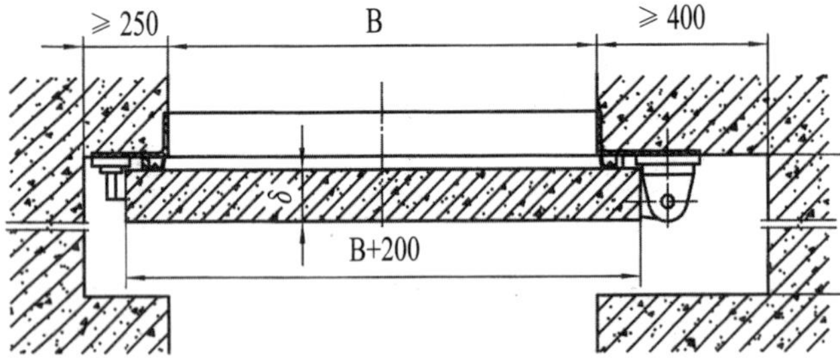

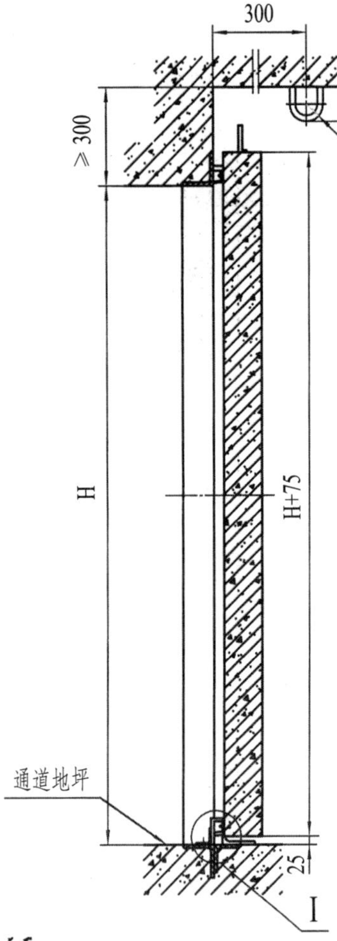

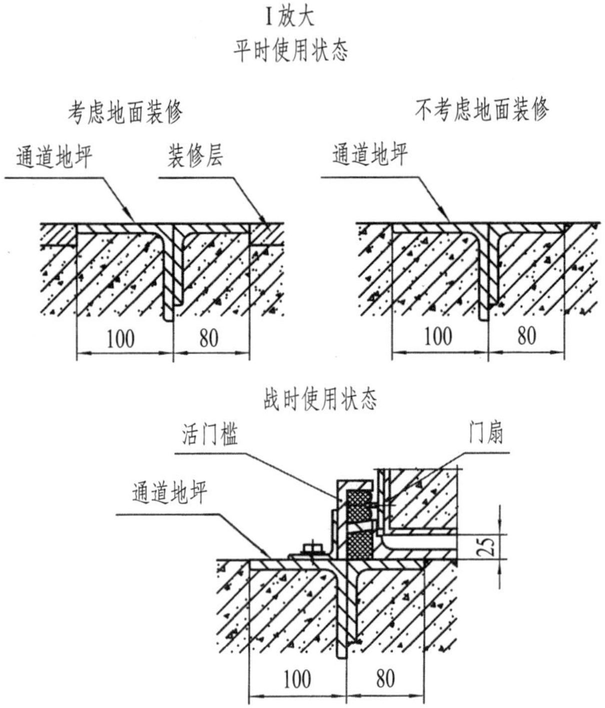

型号 \ 参数	门孔宽 B	门孔高 H	门扇厚 δ	总质量(kg)
HHFM0820(6)	800	2000	120	620
HHFM0920(6)	900	2000	120	700
HHFM1020(6)	1000	2000	120	981
HHFM1220(6)	1200	2000	126	1447
HHFM1320(6)	1300	2000	140	1550
HHFM1520(6)	1500	2000	140	1600
HHFM2020(6)	2000	2000	180	2080
HHFM2024(6)	2000	2400	180	2936

钢筋混凝土活门槛单扇防护密闭门（一）	页 次	4

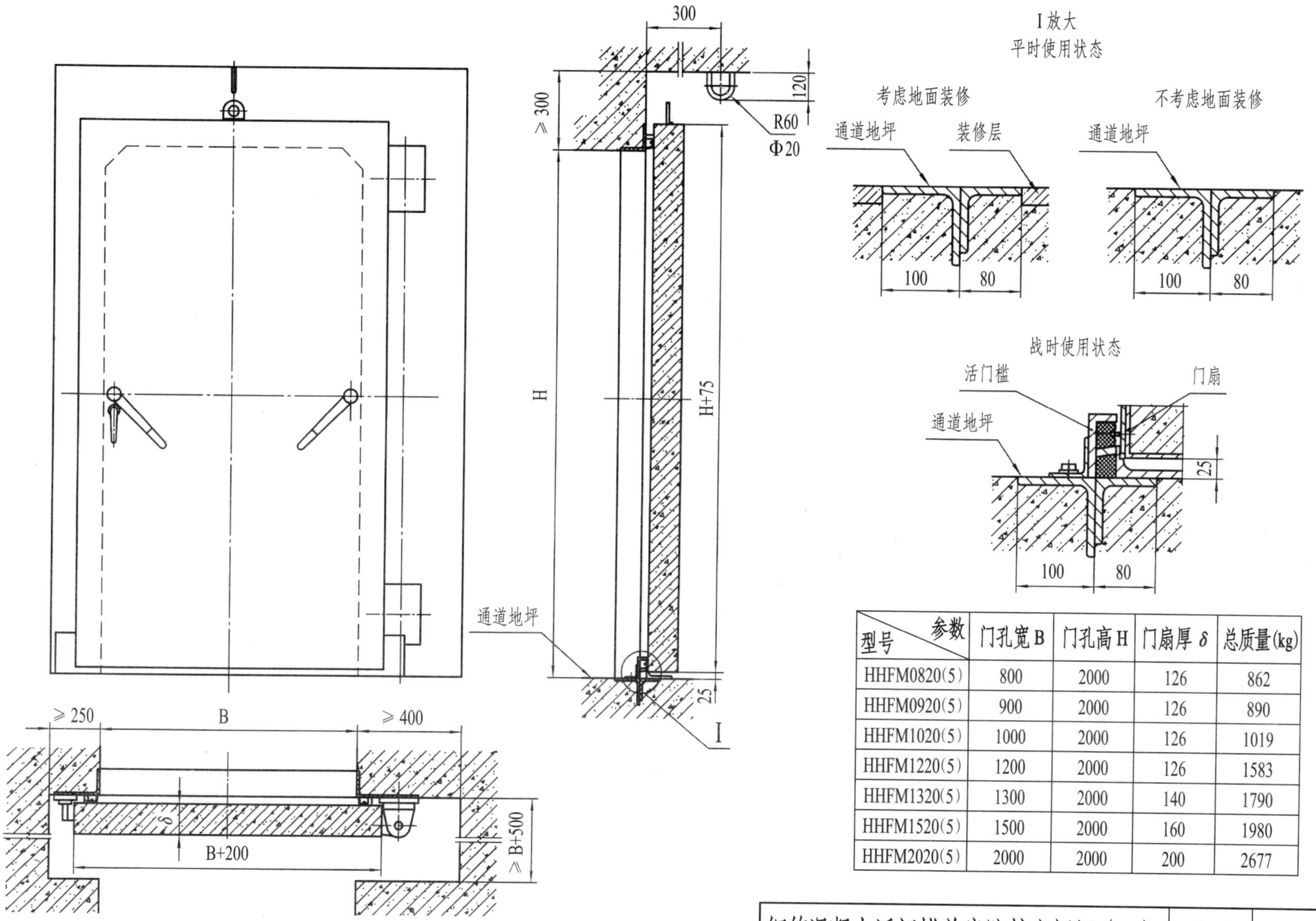

型号 \ 参数	门孔宽B	门孔高H	门扇厚δ	总质量(kg)
HHFM0820(5)	800	2000	126	862
HHFM0920(5)	900	2000	126	890
HHFM1020(5)	1000	2000	126	1019
HHFM1220(5)	1200	2000	126	1583
HHFM1320(5)	1300	2000	140	1790
HHFM1520(5)	1500	2000	160	1980
HHFM2020(5)	2000	2000	200	2677

钢筋混凝土活门槛单扇防护密闭门（二）	页次	5

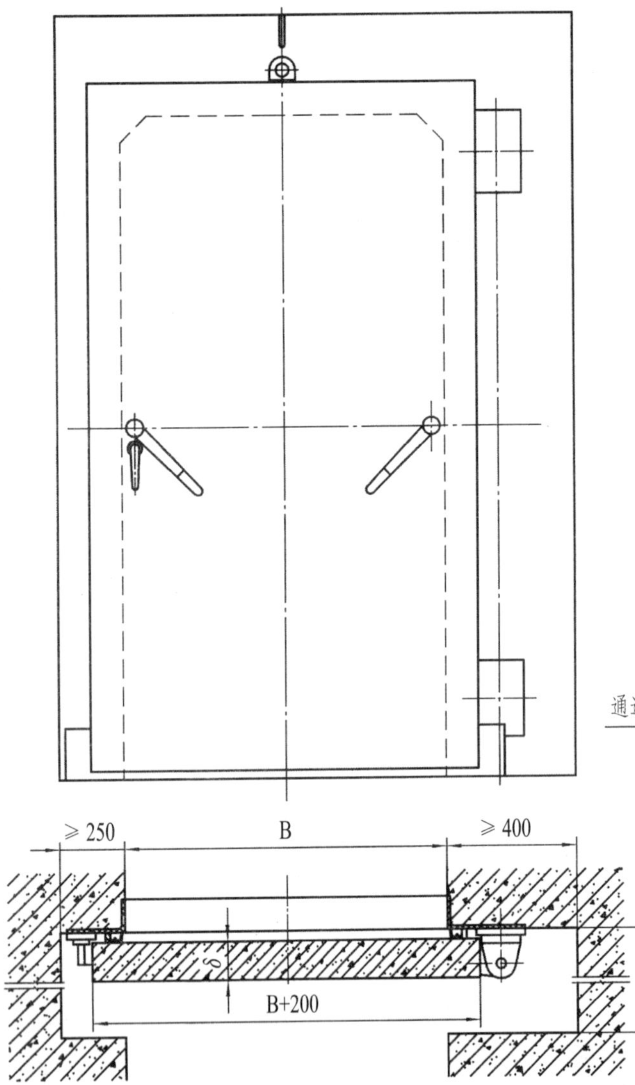

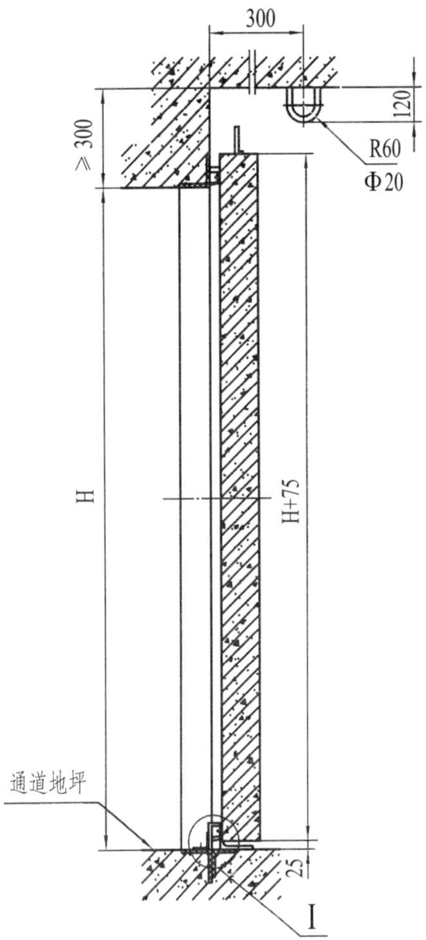

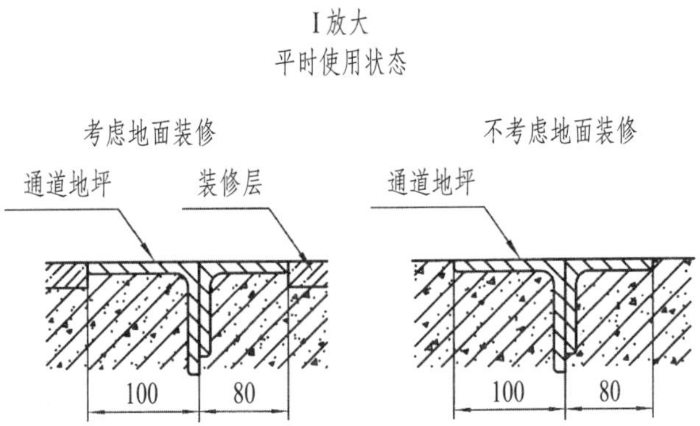

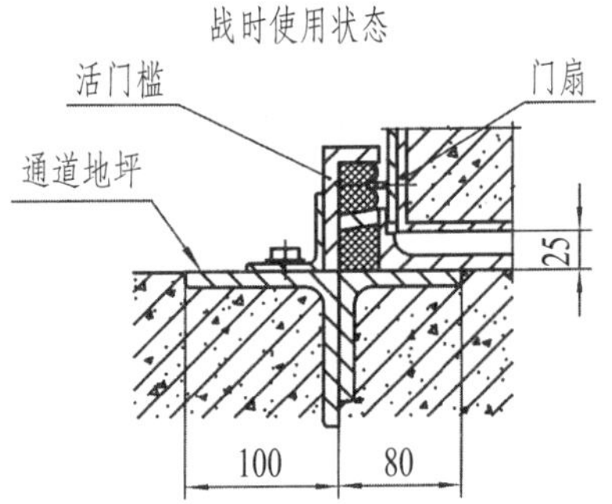

型号＼参数	门孔宽 B	门孔高 H	门扇厚 δ	总质量(kg)
HHM0820	800	2000	100	789
HHM0920	900	2000	100	844
HHM1020	1000	2000	100	890
HHM1220	1200	2000	100	1198
HHM1320	1300	2000	120	1235
HHM1520	1500	2000	120	1298
HHM2020	2000	2000	140	1938

钢筋混凝土活门槛单扇密闭门	页 次	6

第二部分

钢结构防护密闭门与密闭门

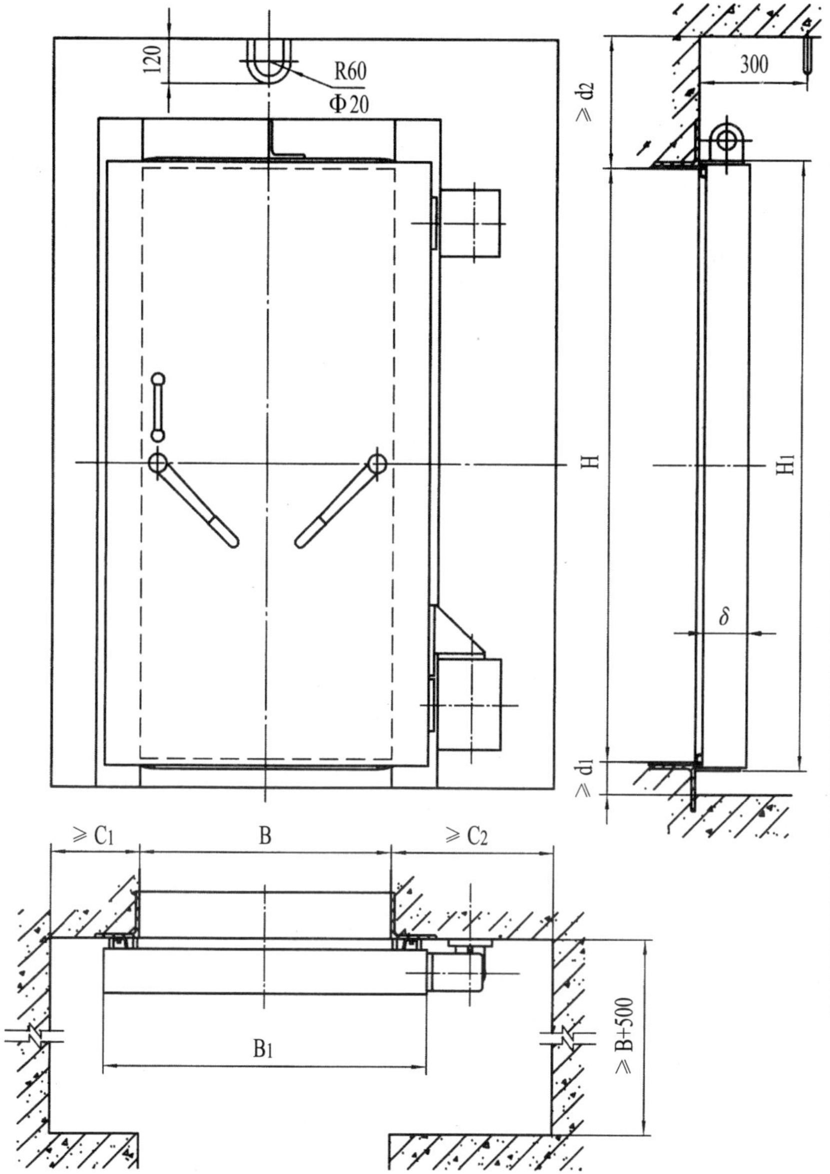

参数 型号	门孔宽B	门孔高H	门扇厚δ	B1	H1	C1	C2	d1	d2	总质量(kg)
GFM0716(6)	700	1600	112	900	1646	250	450	30	300	490
GFM0818(6)	800	1800	112	1000	1846	250	400	30	300	519
GFM0820(6)	800	2000	112	1000	2046	250	400	30	300	613
GFM0825(6)	800	2500	116	1000	2623	250	400	50	400	795
GFM0920(6)	900	2000	112	1100	2046	250	400	30	300	704
GFM1020(6)	1000	2000	112	1200	2046	250	400	30	300	754
GFM1220(6)	1200	2000	138	1400	2046	250	450	30	300	806
GFM1320(6)	1300	2000	132	1500	2046	250	400	30	300	833
GFM1520(6)	1500	2000	132	1700	2123	250	400	50	400	901
GFM1720(6)	1700	2000	156	1900	2123	250	400	50	400	1357
GFM2020(6)	2000	2000	156	2240	2240	300	500	150	400	1573
GFM2025(6)	2000	2500	176	2300	2800	300	700	200	700	2466

钢结构单扇防护密闭门(一)

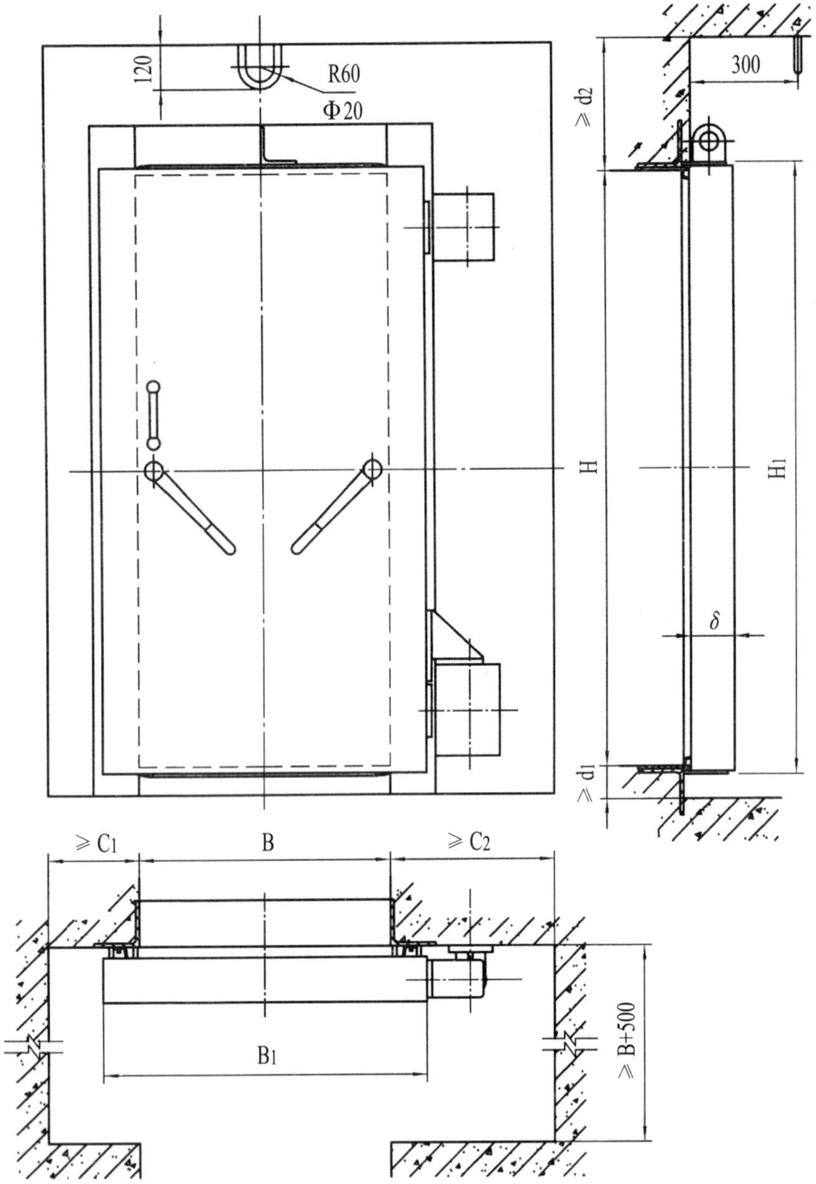

型号 \ 参数	门孔宽B	门孔高H	门扇厚δ	B_1	H_1	C_1	C_2	d_1	d_2	总质量(kg)
GFM0606(5)	600	600	60	800	800	250	450	120	300	188
GFM0716(5)	700	1600	116	900	1646	250	450	30	300	534
GFM0818(5)	800	1800	116	1000	1846	250	450	30	300	658
GFM0820(5)	800	2000	116	1000	2046	250	450	30	300	666
GFM0912(5)	900	1200	156	1100	1246	250	450	30	300	610
GFM0918(5)	900	1800	156	1100	1846	250	450	30	300	805
GFM0920(5)	900	2000	156	1100	2046	250	450	30	300	852
GFM1020(5)	1000	2000	156	1200	2046	250	400	30	300	905
GFM1118(5)	1100	1800	156	1300	1846	250	450	30	300	834
GFM1220(5)	1200	2000	156	1400	2046	250	450	30	300	926
GFM1221(5)	1200	2100	156	1400	2146	250	450	30	300	1030
GFM1320(5)	1300	2000	156	1500	2046	250	400	30	300	1031
GFM1321(5)	1300	2100	156	1500	2223	250	400	50	400	1092
GFM1520(5)	1500	2000	156	1700	2123	250	500	50	400	1299
GFM1521(5)	1500	2100	156	1700	2223	250	500	50	400	1181
GFM1721(5)	1700	2100	156	1940	2146	250	450	50	400	1555
GFM2020(5)	2000	2000	156	2240	2046	300	500	50	400	1649
GFM2021(5)	2000	2100	156	2240	2146	250	450	50	400	1697
GFM2025(5)	2000	2500	156	2240	2546	250	450	30	300	1886

钢结构单扇防护密闭门(二)

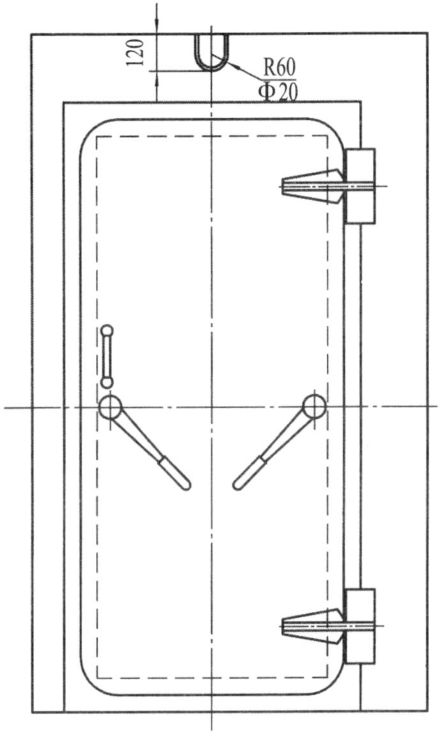

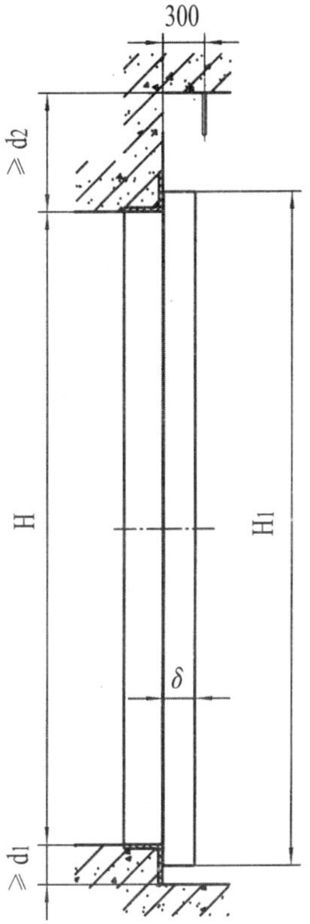

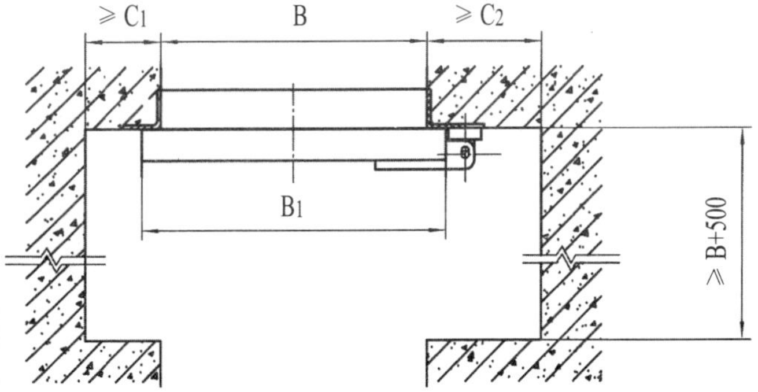

参数 型号	门孔宽B	门孔高H	门扇厚δ	B_1	H_1	C_1	C_2	d_1	d_2	总质量(kg)
GM0609	600	900	80	780	1000	200	300	100	300	207
GM0716	700	1600	80	800	1700	200	300	100	300	291
GM0718	700	1800	80	800	1900	200	300	100	300	312
GM0818	800	1800	80	900	1900	200	300	100	300	336
GM0820	800	2000	80	900	2100	200	300	100	300	353
GM0821	800	2100	80	900	2200	200	300	100	300	366
GM0824	800	2400	80	900	2500	200	300	100	300	403
GM0916	900	1600	80	1000	1700	200	300	100	300	327
GM0918	900	1800	80	1000	1900	200	300	100	300	361
GM0920	900	2000	80	1000	2100	200	300	100	300	377
GM0921	900	2100	80	1000	2200	200	300	100	300	390
GM1020	1000	2000	80	1100	2100	200	300	100	300	416
GM1021	1000	2100	80	1100	2200	200	300	100	300	429
GM1118	1100	1800	80	1200	1900	200	300	100	300	410
GM1220	1200	2000	80	1300	2100	200	300	100	300	460
GM1318	1300	1800	112	1500	1923	250	400	50	400	746
GM1320	1300	2000	112	1500	2123	250	400	50	400	816
GM1321	1300	2100	112	1500	2223	250	400	50	400	830

钢结构单扇密闭门（一）	页 次	9

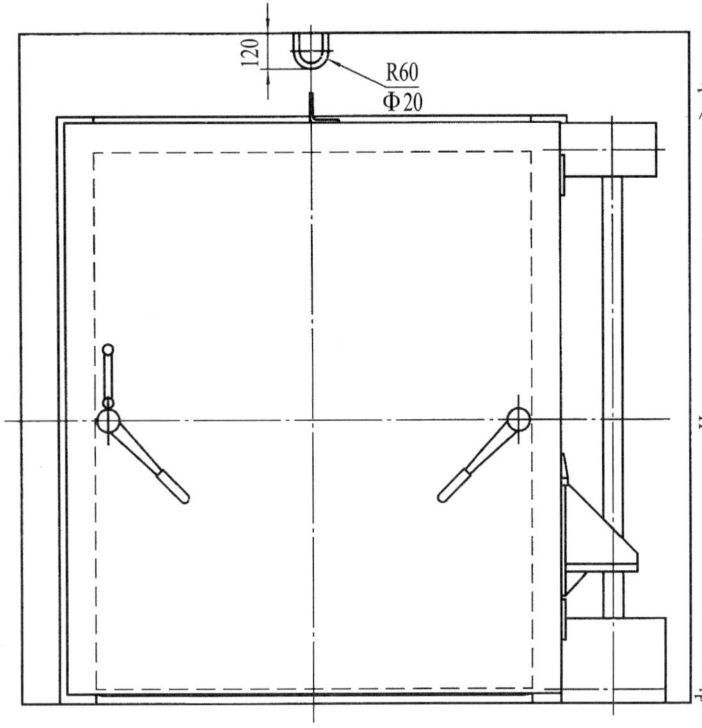

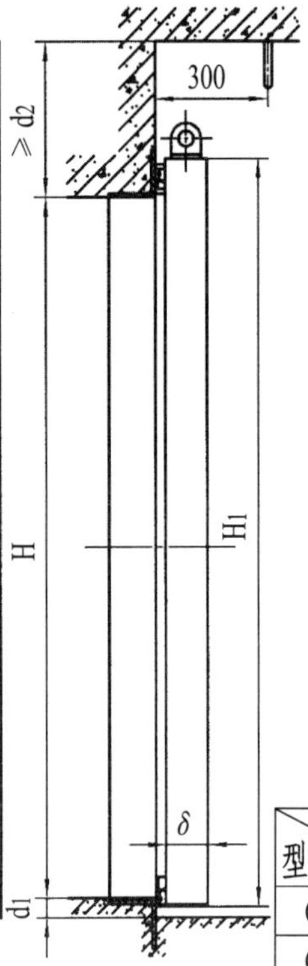

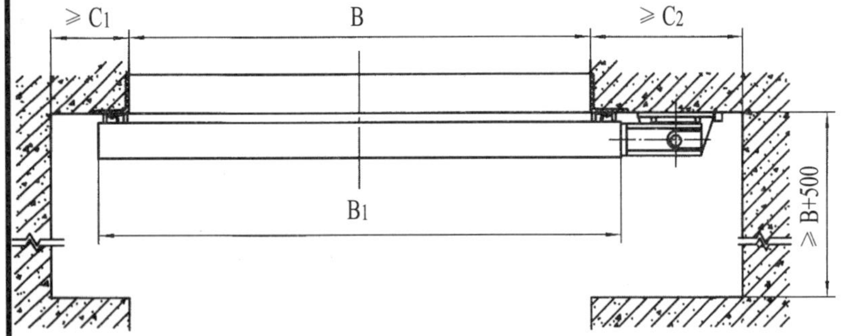

型号 \ 参数	门孔宽B	门孔高H	门扇厚δ	B_1	H_1	C_1	C_2	d_1	d_2	总质量(kg)
GM1518	1500	1800	112	1700	1923	250	400	50	400	966
GM1520	1500	2000	112	1700	2096	250	500	50	400	1046
GM1521	1500	2100	112	1700	2223	250	400	50	400	892
GM1523	1500	2300	138	1610	2410	250	450	100	400	961
GM1621	1600	2100	112	1800	2223	250	450	50	400	927
GM1720	1700	2000	112	1900	2123	250	450	50	400	1107
GM1721	1700	2100	112	1924	2146	250	450	50	300	1262
GM1726	1700	2600	138	1810	2710	250	450	100	400	1032
GM1824	1800	2400	112	2040	2446	250	450	30	300	1375
GM2020	2000	2000	112	2200	2096	250	500	50	400	1315
GM2025	2000	2500	112	2240	2546	250	450	30	300	1315

钢结构单扇密闭门（二）

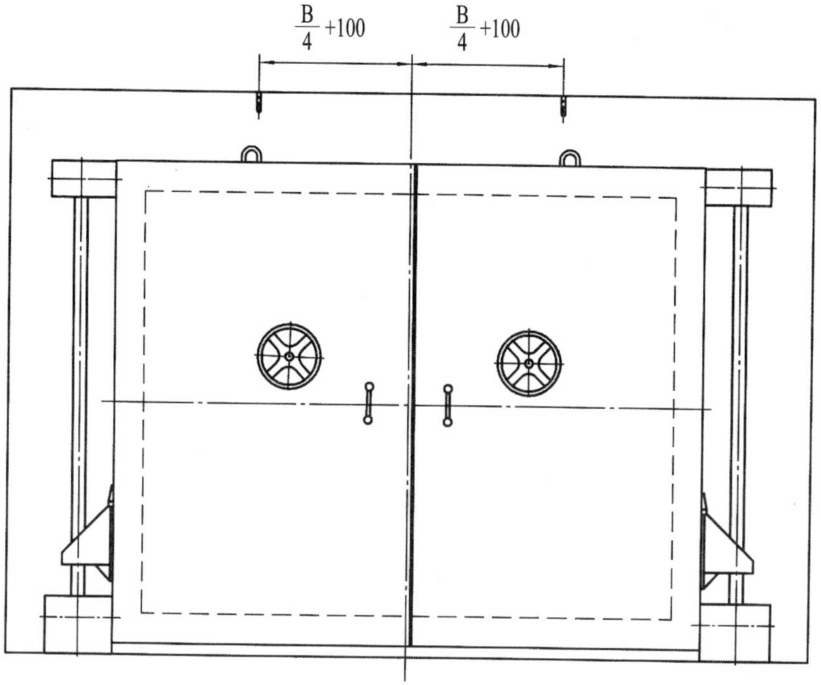

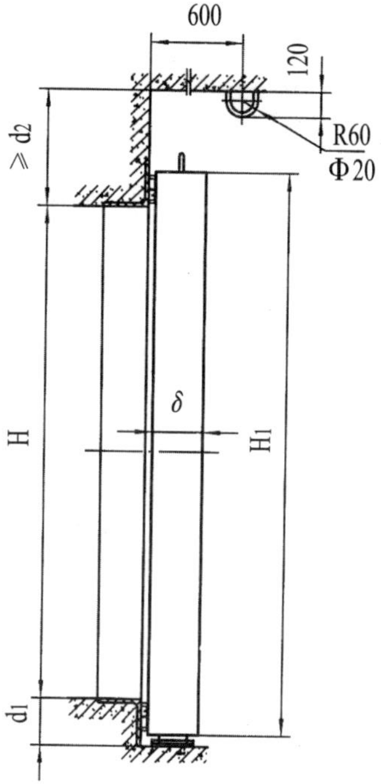

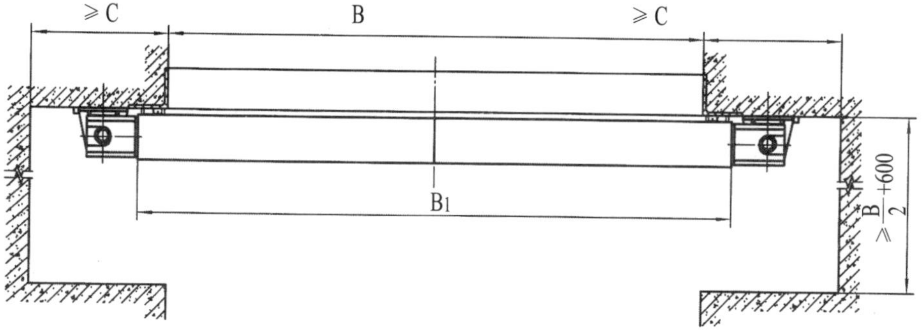

型号 \ 参数	门孔宽B	门孔高H	门扇厚δ	B_1	H_1	C	d_1	d_2	总质量(kg)
GSFM2225(6)	2200	2500	156	2440	2740	600	170	450	2212
GSFM2427(6)	2400	2700	156	2640	2940	600	170	450	2424
GSFM4035(6)	4000	3500	176	4300	3800	700	200	500	5942
GSFM5025(6)	5000	2500	156	5300	2800	700	200	500	5445
GSFM6020(6)	6000	2000	156	6240	2240	500	150	350	4218
GSFM6022(6)	6000	2200	156	6300	2500	700	200	500	5633
GSFM6025(6)	6000	2500	156	6240	2740	700	150	500	5794
GSFM7025(6)	7000	2500	156	7300	2800	700	200	500	7260

钢结构双扇防护密闭门(一)

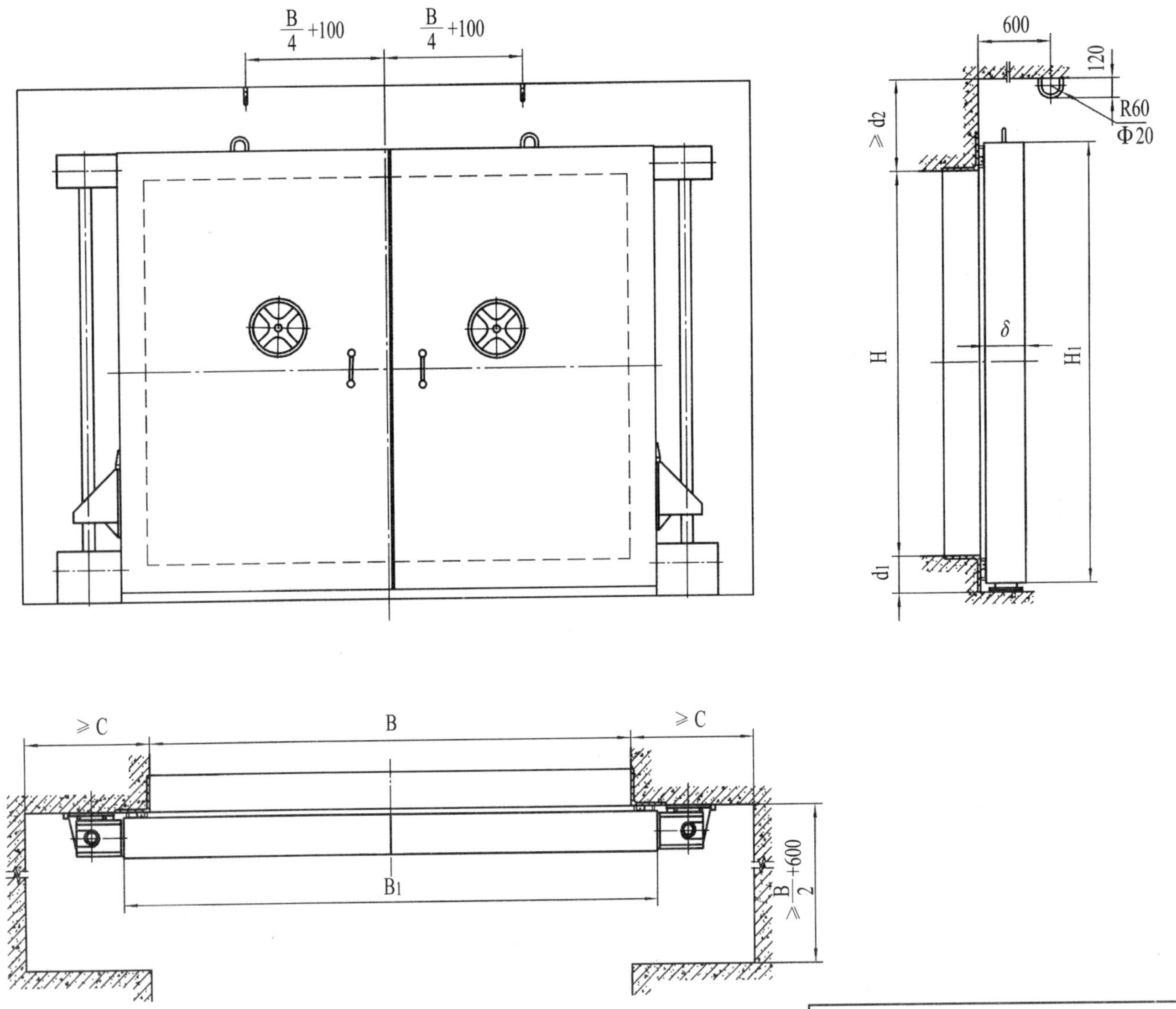

钢结构双扇防护密闭门(二)	页 次	12

钢结构双扇防护密闭门(二)参数表

型号＼参数	门孔宽B	门孔高H	门扇厚δ	B_1	H_1	C	d_1	d_2	总质量(kg)
GSFM2021(5)	2000	2100	176	2240	2340	500	150	500	2644
GSFM2521(5)	2500	2100	176	2740	2340	500	150	500	2427
GSFM2525(5)	2500	2500	176	2740	2740	500	150	500	2875
GSFM2721(5)	2700	2100	176	2940	2340	500	150	500	2498
GSFM3022(5)	3000	2200	176	3240	2440	700	150	500	2995
GSFM3025(5)	3000	2500	176	3240	2740	700	200	500	3248
GSFM3027(5)	3000	2700	220	3240	2940	700	150	500	4698
GSFM3030(5)	3000	3000	196	3240	3240	700	200	500	4336
GSFM3035(5)	3000	3500	240	3240	3740	700	150	500	8250
GSFM3228(5)	3200	2800	220	3440	3040	700	150	500	7225
GSFM3336(5)	3300	3600	216	3540	3840	700	150	500	5223
GSFM3427(5)	3400	2700	176	3640	2940	700	150	500	3744
GSFM3434(5)	3400	3400	220	3640	3640	700	150	500	5570
GSFM3535(5)	3500	3500	240	3740	3740	700	150	500	7177
GSFM3620(5)	3600	2000	156	3840	2240	700	150	500	3013
GSFM3625(5)	3600	2500	176	3840	2740	700	150	500	3698
GSFM3721(5)	3700	2100	220	3940	2340	700	150	500	5163
GSFM3724(5)	3700	2400	220	3940	2640	700	150	500	4991
GSFM3728(5)	3700	2800	220	4000	3100	700	150	500	6013

型号＼参数	门孔宽B	门孔高H	门扇厚δ	B_1	H_1	C	d_1	d_2	总质量(kg)
GSFM3730(5)	3700	3000	240	3940	3240	700	150	500	7667
GSFM3732(5)	3700	3200	240	4000	3500	750	200	600	7056
GSFM3735(5)	3700	3500	240	4000	3800	750	200	600	7435
GSFM4022(5)	4000	2200	176	4300	2500	700	200	500	3574
GSFM4025(5)	4000	2500	176	4240	2740	700	200	500	3855
GSFM4030(5)	4000	3000	240	4300	3300	750	200	600	7035
GSFM4032(5)	4000	3200	240	4300	3500	700	200	500	7618
GSFM4035(5)	4000	3500	240	4300	3800	750	200	600	7685
GSFM4532(5)	4500	3200	240	4800	3500	750	200	600	8084
GSFM4535(5)	4500	3500	240	4800	3800	750	200	600	8202
GSFM5025(5)	5000	2500	196	5240	2740	700	200	500	5060
GSFM5030(5)	5000	3000	220	5240	3240	700	200	500	6771
GSFM5530(5)	5500	3000	220	5740	3240	700	200	500	7163
GSFM6022(5)	6000	2200	180	6300	2500	700	200	500	6344
GSFM6025(5)	6000	2500	220	6240	2740	700	200	500	7945
GSFM6030(5)	6000	3000	240	6240	3240	700	200	500	9542
GSFM6045(5)	6000	4500	272	6300	4800	800	200	600	13835
GSFM7025(5)	7000	2500	220	7240	2740	700	200	500	8891

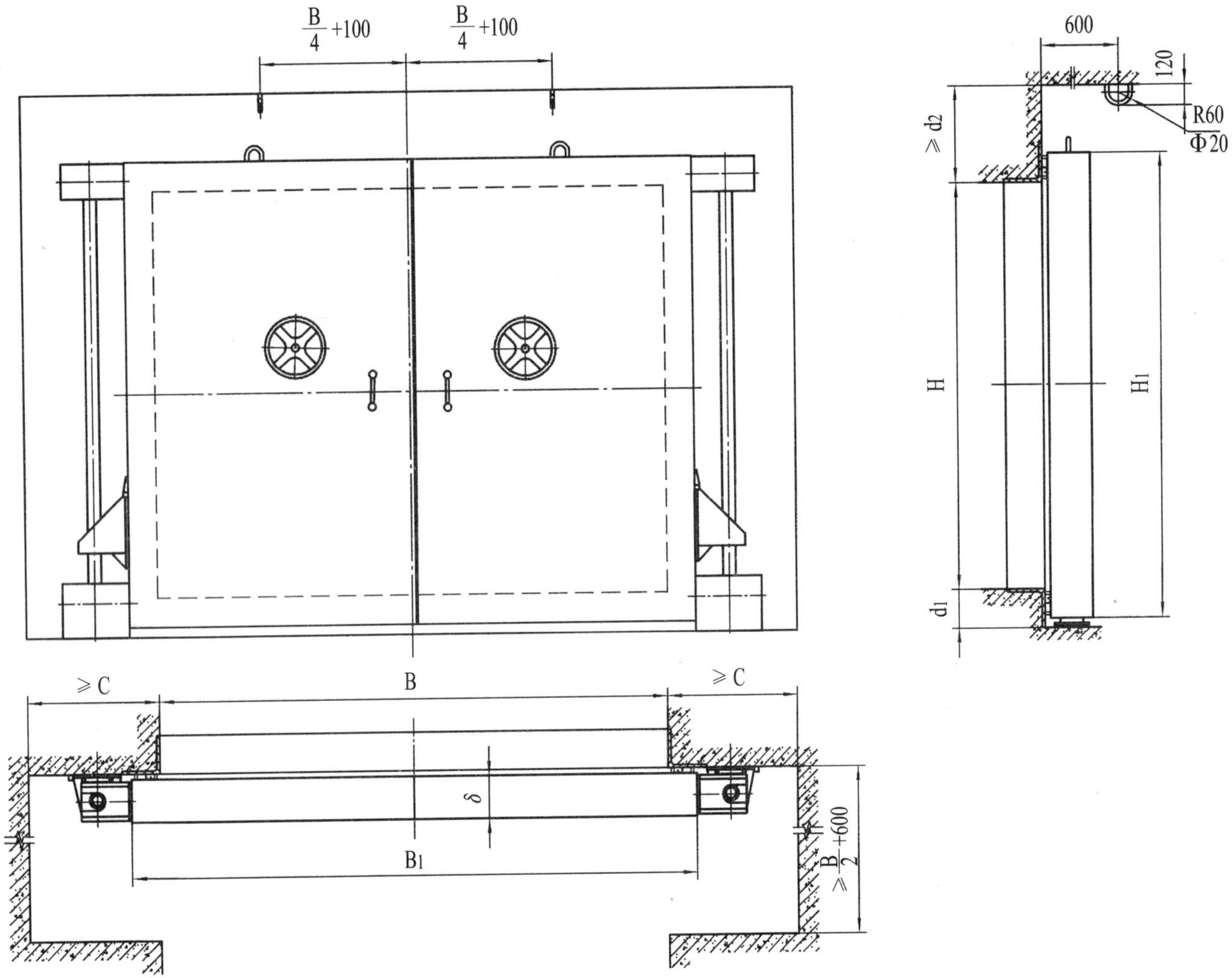

钢结构双扇密闭门	页 次	14

钢结构双扇密闭门参数表

型号 \ 参数	门孔宽B	门孔高H	门扇厚δ	B_1	H_1	C	d_1	d_2	总质量(kg)
GSM2021	2000	2100	87	2100	2200	600	150	450	1085
GSM2434	2400	3400	152	2640	3640	600	170	400	2898
GSM2521	2500	2100	87	2590	2200	600	150	450	1316
GSM2525	2500	2500	87	2590	2610	700	150	500	1225
GSM2721	2700	2100	87	2790	2200	600	150	450	1325
GSM3022	3000	2200	106	3080	2300	700	150	500	1794
GSM3025	3000	2500	106	3080	2600	700	150	500	1891
GSM3027	3000	2700	176	3300	3000	700	200	500	3879
GSM3030	3000	3000	106	3090	3110	700	150	500	1995
GSM3035	3000	3500	176	3300	3800	700	200	500	5202
GSM3228	3200	2800	176	3500	3100	700	200	500	4956
GSM3427	3400	2700	112	3700	3000	700	200	500	2150
GSM3434	3400	3400	126	3490	3640	700	150	500	2520
GSM3525	3500	2500	152	3800	2800	750	200	600	3588
GSM3535	3500	3500	172	3800	3800	700	200	500	5124
GSM3620	3600	2000	108	3840	2240	700	150	500	1970
GSM3721	3700	2100	176	4000	2400	700	200	500	4417

型号 \ 参数	门孔宽B	门孔高H	门扇厚δ	B_1	H_1	C	d_1	d_2	总质量(kg)
GSM3724	3700	2400	176	4000	2700	700	200	500	4202
GSM3728	3700	2800	176	4000	3100	700	200	500	5156
GSM3730	3700	3000	172	4000	3300	700	200	500	5428
GSM3732	3700	3200	172	4000	3500	700	200	500	5016
GSM3735	3700	3500	172	4000	3800	700	200	500	5239
GSM4022	4000	2200	106	4080	2300	700	200	500	2026
GSM4025	4000	2500	106	4080	2600	700	150	500	2158
GSM4030	4000	3000	172	4300	3300	700	200	500	5060
GSM4032	4000	3200	172	4200	3400	700	200	500	5208
GSM4035	4000	3500	172	4300	3800	700	200	600	5442
GSM4532	4500	3200	172	4800	3500	700	200	600	5743
GSM4535	4500	3500	172	4800	3800	700	200	600	5870
GSM5025	5000	2500	150	5240	2740	700	150	500	4286
GSM6022	6000	2200	152	6300	2500	700	200	500	5013
GSM6025	6000	2500	152	6300	2800	700	200	500	5698
GSM6030	6000	3000	152	6300	3300	700	200	500	5848

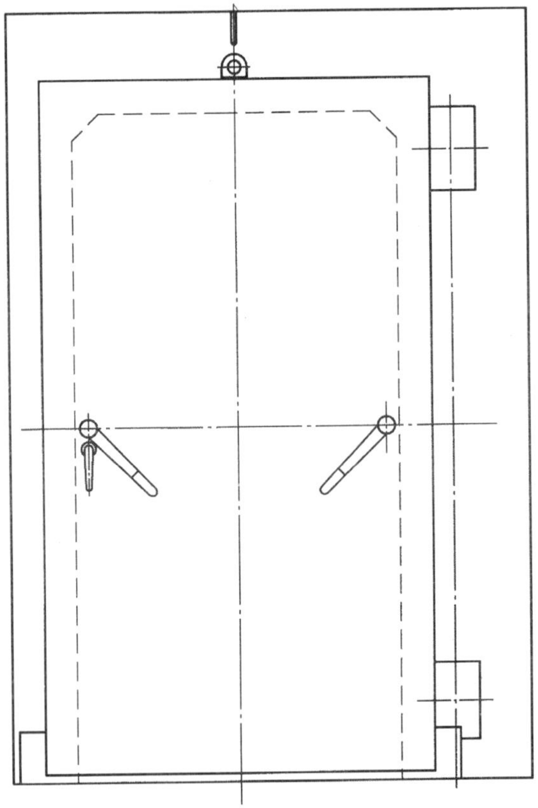

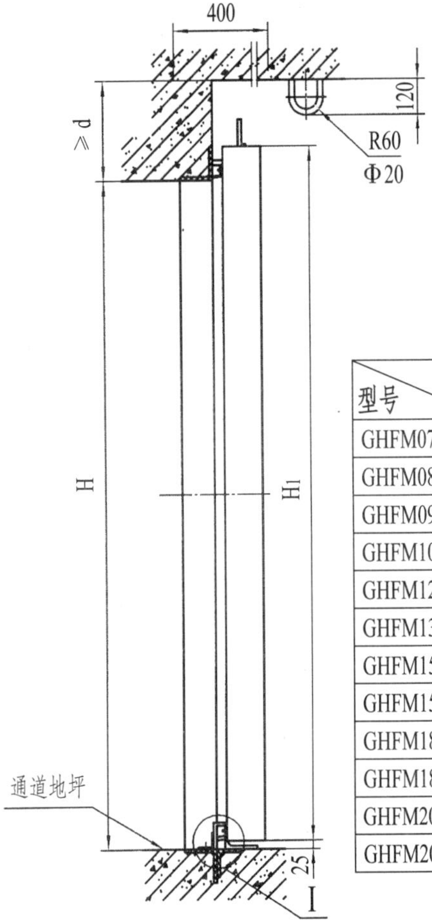

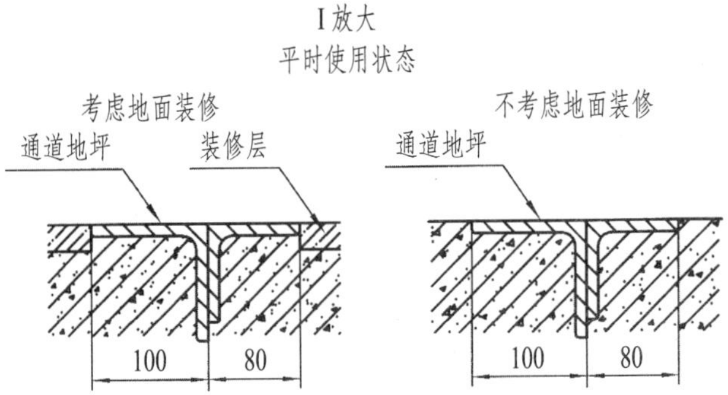

型号 \ 参数	门孔宽B	门孔高H	门扇厚δ	B_1	H_1	C_1	C_2	d	总质量(kg)
GHFM0716(6)	700	1600	112	900	1675	300	500	400	485
GHFM0820(6)	800	2000	113	1000	2075	200	400	300	536
GHFM0920(6)	900	2000	113	1100	2075	200	400	300	549
GHFM1020(6)	1000	2000	113	1200	2075	200	400	300	589
GHFM1220(6)	1200	2000	132	1400	2075	200	400	300	719
GHFM1320(6)	1300	2000	133	1500	2075	200	400	300	742
GHFM1520(6)	1500	2000	134	1700	2075	200	400	300	880
GHFM1525(6)	1500	2500	138	1700	2575	200	400	300	988
GHFM1820(6)	1800	2000	172	2000	2075	200	400	300	988
GHFM1821(6)	1800	2100	172	2000	2175	200	400	300	1010
GHFM2020(6)	2000	2000	176	2200	2075	200	400	300	1348
GHFM2028(6)	2000	2800	156	2200	2875	300	500	300	1834

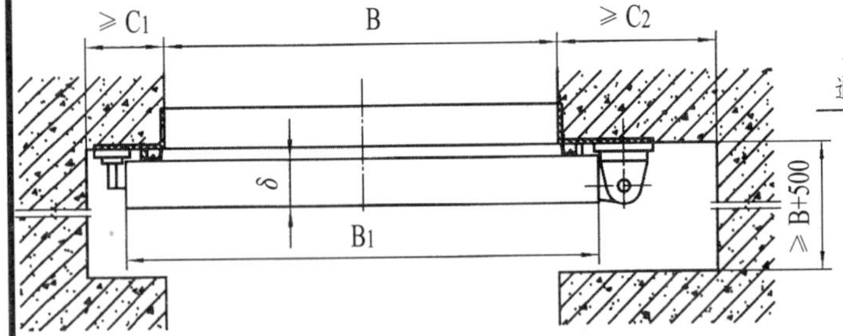

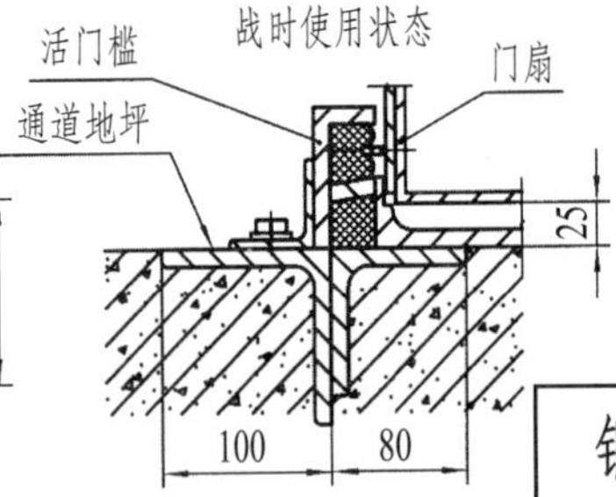

钢结构活门槛单扇防护密闭门（一）

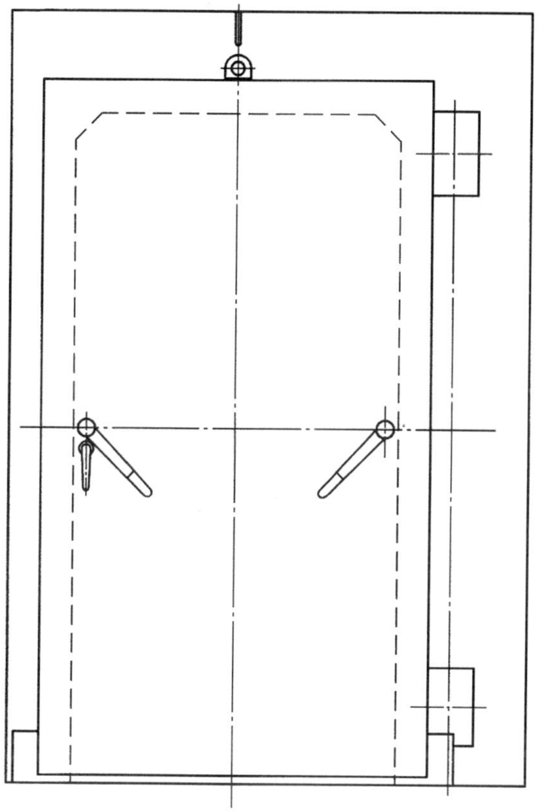

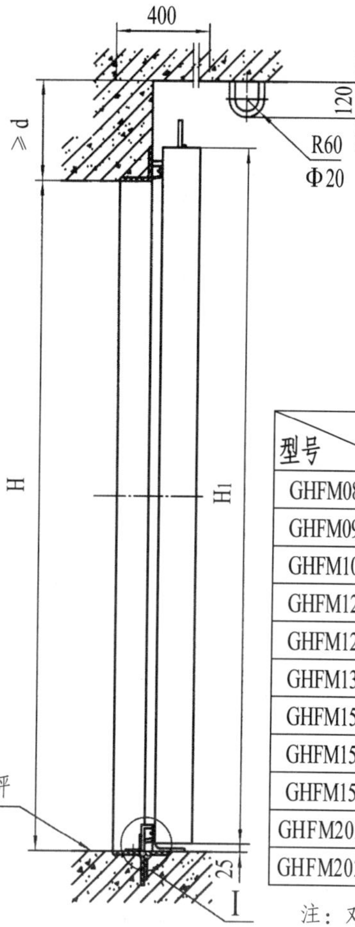

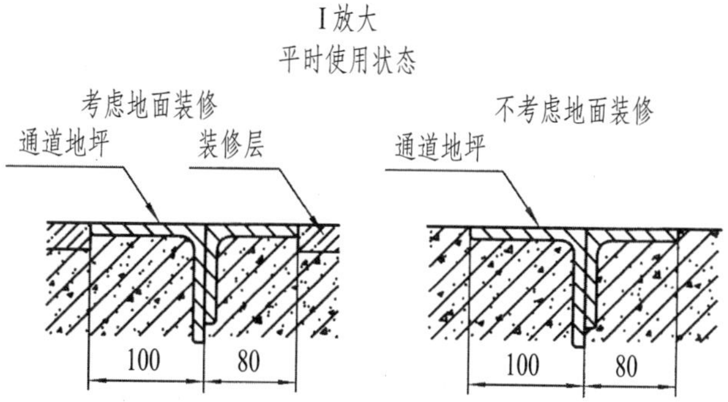

参数 型号	门孔宽B	门孔高H	门扇厚δ	B1	H1	C1	C2	d	总质量(kg)
GHFM0820(5)	800	2000	116	1000	2075	200	400	300	571
GHFM0920(5)	900	2000	116	1100	2075	200	400	300	602
GHFM1020(5)	1000	2000	116	1200	2075	200	400	300	641
GHFM1220(5)	1200	2000	136	1400	2075	200	400	300	819
GHFM1222(5)	1200	2200	146	1400	2275	300	500	400	1141
GHFM1320(5)	1300	2000	136	1500	2075	200	400	300	870
GHFM1520(5)	1500	2000	138	1700	2075	200	400	300	983
GHFM1523(5)	1500	2300	146	1700	2375	300	500	400	1398
GHFM1525(5)	1500	2500	146	1700	2575	300	500	400	1383
GHFM2020(5)*	2000	2000	196	2200	2075	200	400	300	1428
GHFM2022(5)*	2000	2200	180	2200	2275	300	600	400	1827

注：对于 GHM2020（5）、GHM2022（5），门墙通道尺寸为大于等于 B+600。

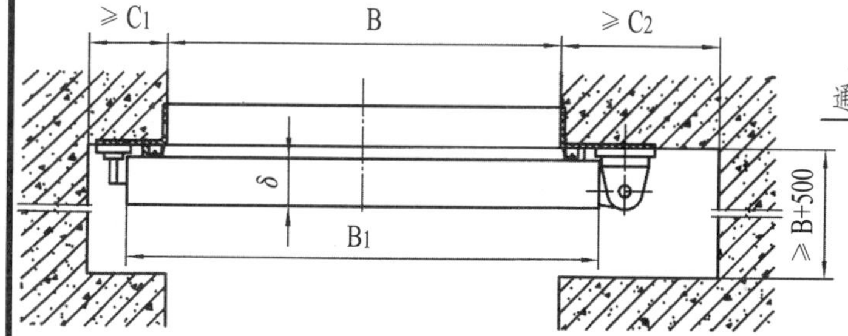

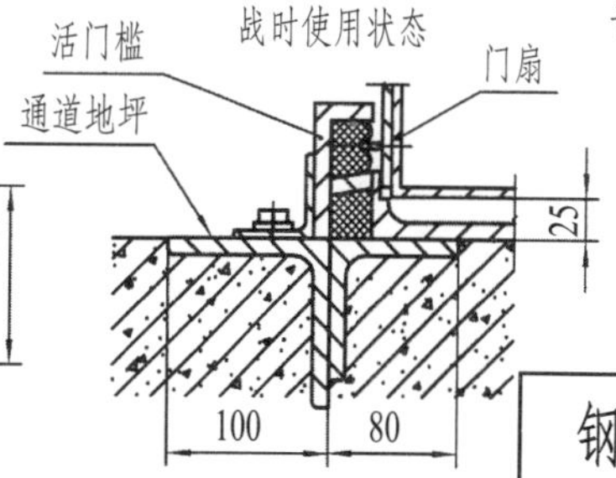

钢结构活门槛单扇防护密闭门(二)

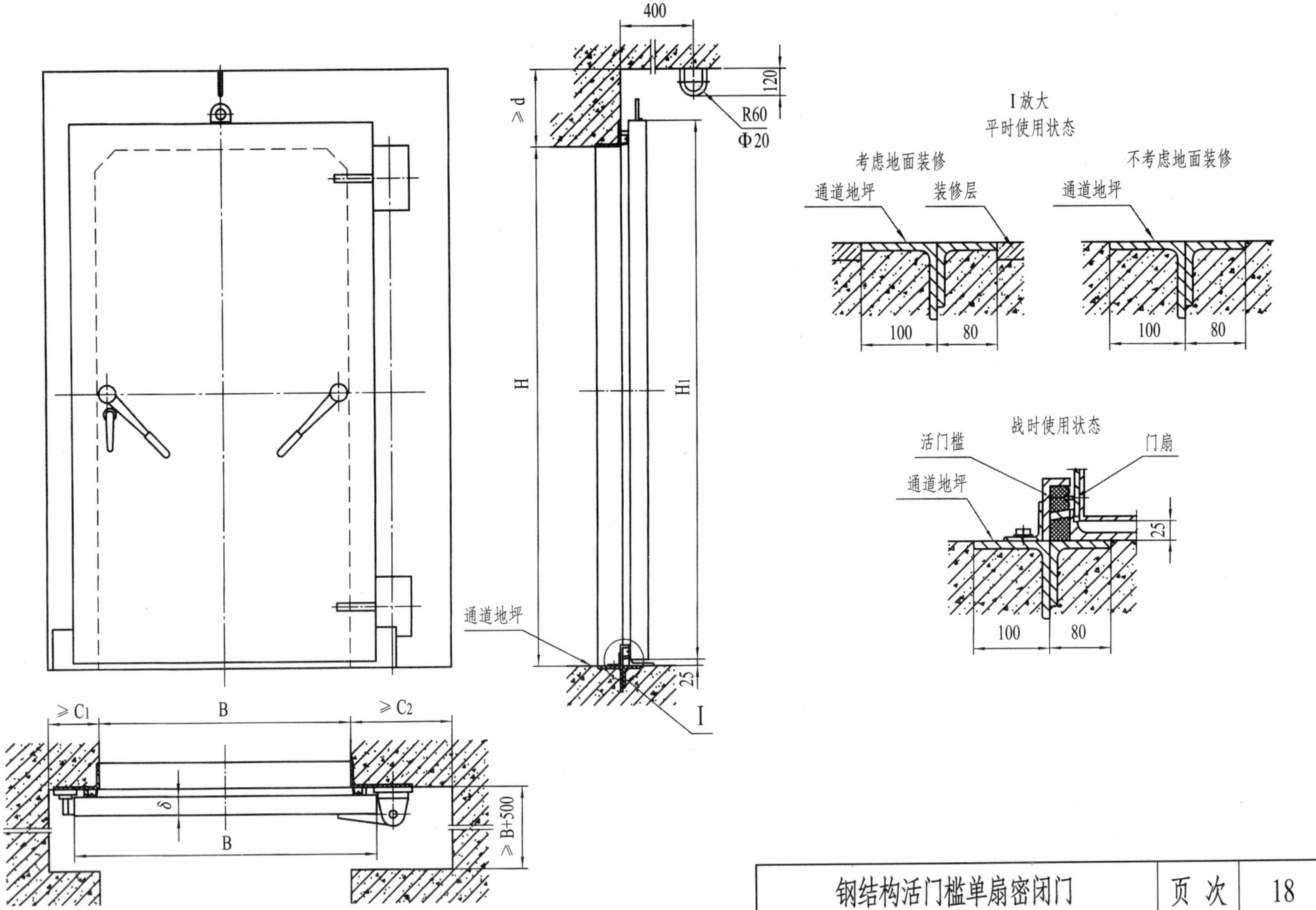

钢结构活门槛单扇密闭门	页 次	18

钢结构活门槛单扇密闭门

型号 \ 参数	门孔宽B	门孔高H	门扇厚δ	B_1	H_1	C_1	C_2	d	总质量(kg)
GHM0716	700	1600	56	900	1675	300	350	400	348
GHM0820	800	2000	54	960	2055	200	400	300	333
GHM0920	900	2000	54	1060	2055	200	400	300	338
GHM0921	900	2100	112	1100	2175	300	500	400	686
GHM1020	1000	2000	54	1160	2055	200	400	300	346
GHM1021	1000	2100	112	1200	2175	300	500	400	720
GHM1027	1000	2700	112	1200	2775	300	500	400	850
GHM1218	1200	1800	56	1400	1875	300	350	300	502
GHM1220	1200	2000	112	1360	2075	300	500	300	679
GHM1221	1200	2100	112	1400	2175	300	500	400	795
GHM1224	1200	2400	112	1400	2475	300	500	400	871
GHM1227	1200	2700	112	1400	2775	300	500	400	895
GHM1320	1300	2000	64	1460	2055	200	400	300	468
GHM1520	1500	2000	112	1660	2075	300	500	300	975
GHM1523	1500	2300	112	1700	2375	300	500	400	975
GHM1525	1500	2500	112	1660	2575	300	500	300	893
GHM1527	1500	2700	112	1700	2775	300	500	400	1080
GHM1820	1800	2000	112	2000	2075	300	500	300	962
GHM1821	1800	2100	112	2000	2175	300	500	400	996
GHM1827	1800	2700	112	2000	2775	300	500	400	1165
GHM2020	2000	2000	112	2200	2075	300	500	400	1026
GHM2028	2000	2800	112	2200	2875	300	500	300	1392

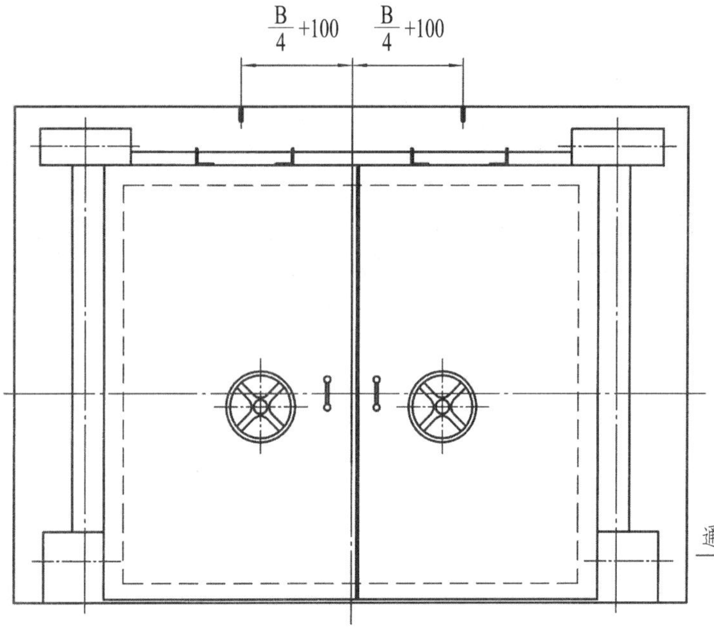

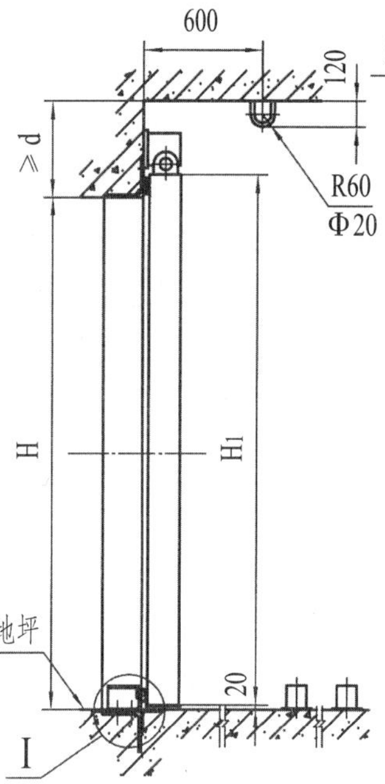

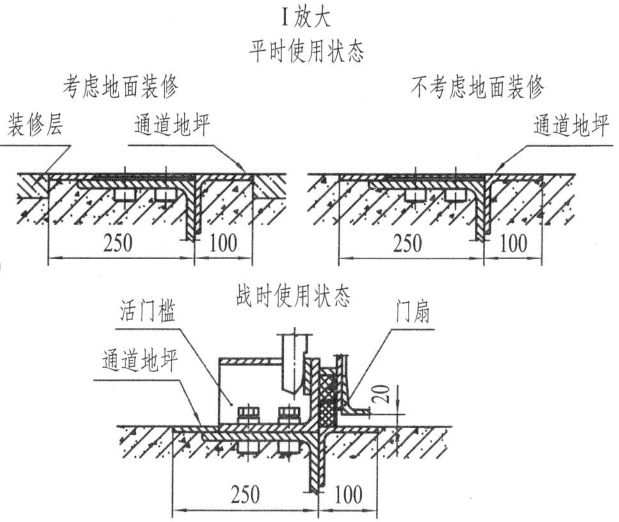

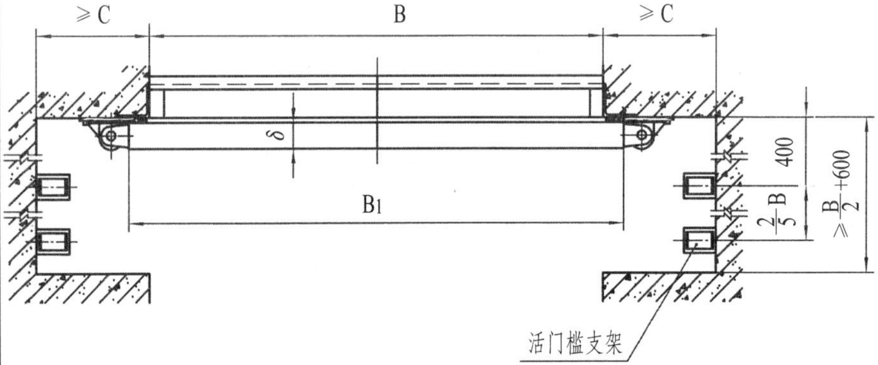

参数 / 型号	门孔宽B	门孔高H	门扇厚δ	B_1	H_1	C	d	总质量(kg)
GHSFM2020 (6)	2000	2000	156	2240	2100	600	500	1979
GHSFM2021 (6)	2000	2100	156	2240	2200	600	400	2018
GHSFM2424 (6)	2400	2400	156	2640	2500	600	400	2507
GHSFM2425 (6)	2400	2500	156	2640	2600	600	400	2510
GHSFM2522 (6)	2500	2200	156	2740	2300	600	400	2454
GHSFM2525 (6)	2500	2500	156	2740	2600	600	500	2612
GHSFM2528 (6)	2500	2800	156	2740	2900	600	400	2775

钢结构活门槛双扇防护密闭门(一)	页次	20

钢结构活门槛双扇防护密闭门（一）参数表

型号＼参数	门孔宽B	门孔高H	门扇厚δ	B_1	H_1	C	d	总质量(kg)
GHSFM3022 (6)	3000	2200	156	3240	2300	700	500	3102
GHSFM3025 (6)	3000	2500	156	3240	2600	700	500	3524
GHSFM3028 (6)	3000	2800	156	3240	2900	600	500	3705
GHSFM3030 (6)	3000	3000	176	3240	3100	600	500	4884
GHSFM3225 (6)	3200	2500	156	3440	2600	700	500	3840
GHSFM3427 (6)	3400	2700	156	3640	2800	700	500	4111
GHSFM3525 (6)	3500	2500	156	3740	2600	700	500	4117
GHSFM3536 (6)	3500	3600	176	3740	3700	700	500	4929
GHSFM3538 (6)	3500	3800	176	3740	3900	700	500	5146
GHSFM3622 (6)	3600	2200	156	3840	2300	700	500	3679
GHSFM3625 (6)	3600	2500	156	3840	2600	700	500	4180
GHSFM3627 (6)	3600	2700	176	3840	2800	700	500	4552
GHSFM3630 (6)	3600	3000	176	3840	3100	700	500	4884
GHSFM3824 (6)	3800	2400	156	4040	2500	700	500	3861
GHSFM4021 (6)	4000	2100	152	4240	2200	700	500	4022
GHSFM4022 (6)	4000	2200	156	4240	2300	700	500	4148
GHSFM4025 (6)	4000	2500	156	4240	2600	700	500	4446
GHSFM4026 (6)	4000	2600	156	4240	2700	600	500	4136
GHSFM4028 (6)	4000	2800	156	4240	2900	600	500	4343
GHSFM4030 (6)	4000	3000	176	4240	3100	700	500	5322
GHSFM4033 (6)	4000	3300	176	4240	3400	700	500	5109
GHSFM4522 (6)	4500	2200	156	4740	2300	700	500	3796
GHSFM4525 (6)	4500	2500	156	4740	2600	700	500	4932
GHSFM4528 (6)	4500	2800	176	4740	2900	700	500	5703
GHSFM4530 (6)	4500	3000	176	4740	3100	700	500	5703
GHSFM4825 (6)	4800	2500	156	5040	2600	700	500	5180
GHSFM4830 (6)	4800	3000	176	5040	3100	700	500	5577
GHSFM5021 (6)	5000	2100	156	5240	2200	700	500	4760
GHSFM5022 (6)	5000	2200	156	5240	2300	700	500	4863
GHSFM5023 (6)	5000	2300	156	5240	2400	700	500	5071

型号＼参数	门孔宽B	门孔高H	门扇厚δ	B_1	H_1	C	d	总质量(kg)
GHSFM5025 (6)	5000	2500	156	5240	2600	700	500	5296
GHSFM5028 (6)	5000	2800	176	5240	2900	700	500	5892
GHSFM5030 (6)	5000	3000	176	5240	3100	700	500	6230
GHSFM5035 (6)	5000	3500	176	5240	3600	700	500	6875
GHSFM5039 (6)	5000	3900	176	5240	4000	700	500	7310
GHSFM5528 (6)	5500	2800	176	5740	2900	700	500	6171
GHSFM5530 (6)	5500	3000	176	5740	3100	700	500	6413
GHSFM6020 (6)	6000	2000	152	6240	2100	700	500	4665
GHSFM6022 (6)	6000	2200	156	6240	2300	700	500	5574
GHSFM6025 (6)	6000	2500	156	6240	2600	700	500	5971
GHSFM6027 (6)	6000	2700	176	6240	2800	700	500	6305
GHSFM6028 (6)	6000	2800	176	6240	2900	700	500	6357
GHSFM6030 (6)	6000	3000	176	6240	3100	700	500	7093
GHSFM6043 (6)	6000	4300	216	6240	4400	700	500	9040
GHSFM6528 (6)	6500	2800	176	6740	2900	700	500	6861
GHSFM6530 (6)	6500	3000	176	6740	3100	700	500	7038
GHSFM7022 (6)	7000	2200	156	7240	2300	700	500	5697
GHSFM7025 (6)	7000	2500	156	7240	2600	700	500	6703
GHSFM7026 (6)	7000	2600	156	7240	2700	700	500	6836
GHSFM7028 (6)	7000	2800	156	7240	2900	700	500	7092
GHSFM7030 (6)	7000	3000	176	7240	3100	700	500	7382
GHSFM7032 (6)	7000	3200	176	7240	3300	700	500	7678
GHSFM7040 (6)	7000	4000	216	7240	4100	700	500	10063
GHSFM7043 (6)	7000	4300	216	7240	4400	700	500	10420
GHSFM7425 (6)	7400	2500	176	7640	2600	700	500	7032
GHSFM8025 (6)	8000	2500	176	8240	2600	700	500	7279
GHSFM8033 (6)	8000	3300	176	8240	3400	700	500	8591

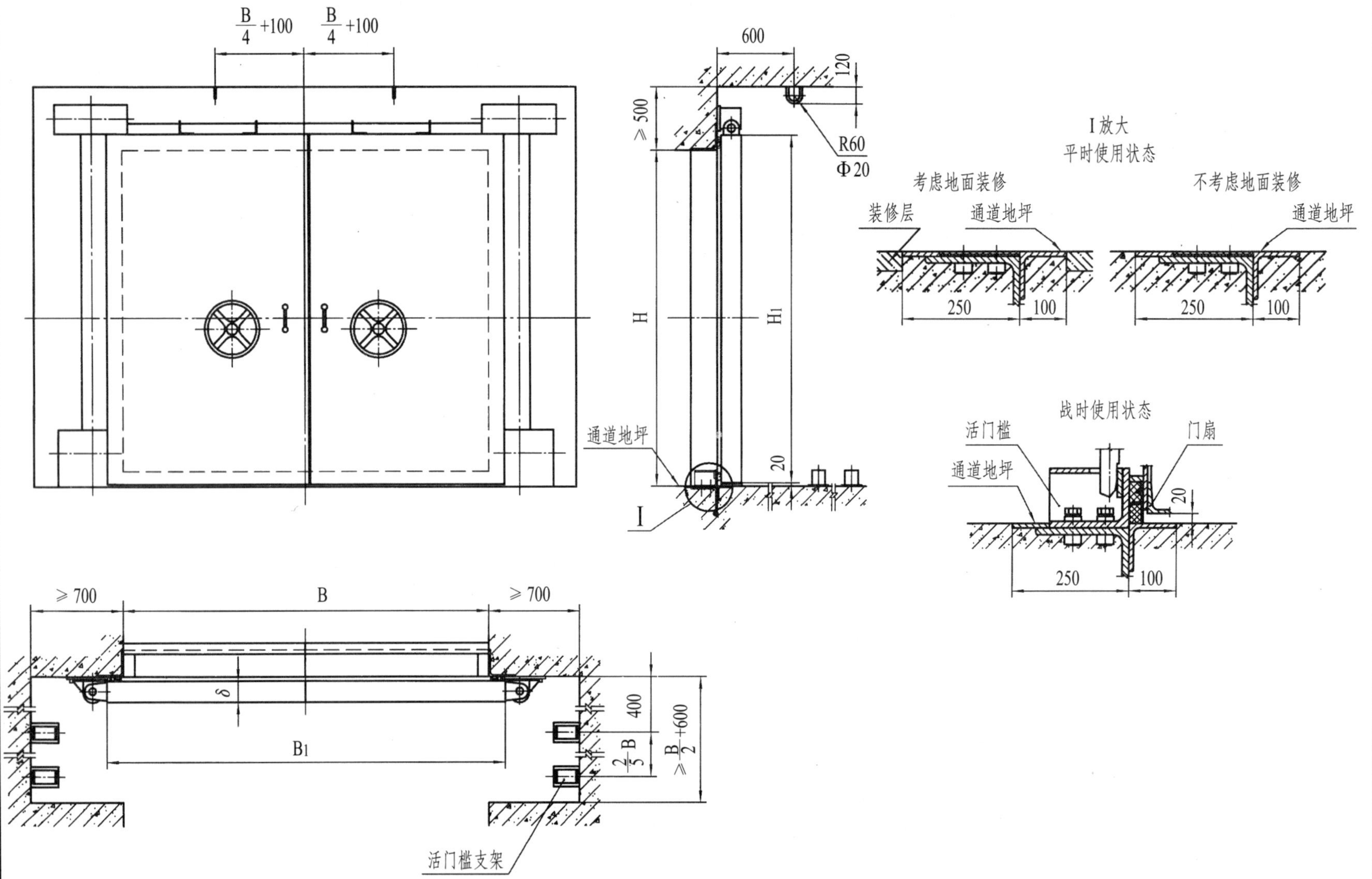

钢结构活门槛双扇防护密闭门（二）

钢结构活门槛双扇防护密闭门（二）参数表

参数 型号	门孔宽B	门孔高H	门扇厚δ	B_1	H_1	总质量(kg)
GHSFM2525(5)	2500	2500	176	2740	2600	3051
GHSFM3022(5)	3000	2200	176	3240	2300	3768
GHSFM3025(5)	3000	2500	176	3240	2600	4008
GHSFM3030(5)	3000	3000	220	3240	3100	5234
GHSFM3434(5)	3400	3400	220	3640	3500	5853
GHSFM3522(5)	3500	2200	176	3740	2300	4042
GHSFM3525(5)	3500	2500	180	3740	2600	4650
GHSFM4025(5)	4000	2500	180	4240	2600	5217
GHSFM4027(5)	4000	2700	180	4240	2800	5425
GHSFM4028(5)	4000	2800	180	4240	2900	5588
GHSFM4030(5)	4000	3000	220	4240	3100	6347
GHSFM4040(5)	4000	4000	240	4240	4100	7637
GHSFM5022(5)	5000	2200	180	5240	2300	5692
GHSFM5025(5)	5000	2500	180	5240	2600	6220
GHSFM5027(5)	5000	2700	180	5240	2800	6444
GHSFM5028(5)	5000	2800	180	5240	2900	6719
GHSFM5035(5)	5000	3500	220	5240	3600	7401
GHSFM6025(5)	6000	2500	180	6240	2600	7068
GHSFM6030(5)	6000	3000	220	6240	3100	7991
GHSFM7025(5)	7000	2500	180	7240	2600	7727
GHSFM7030(5)	7000	3000	220	7240	3100	9495

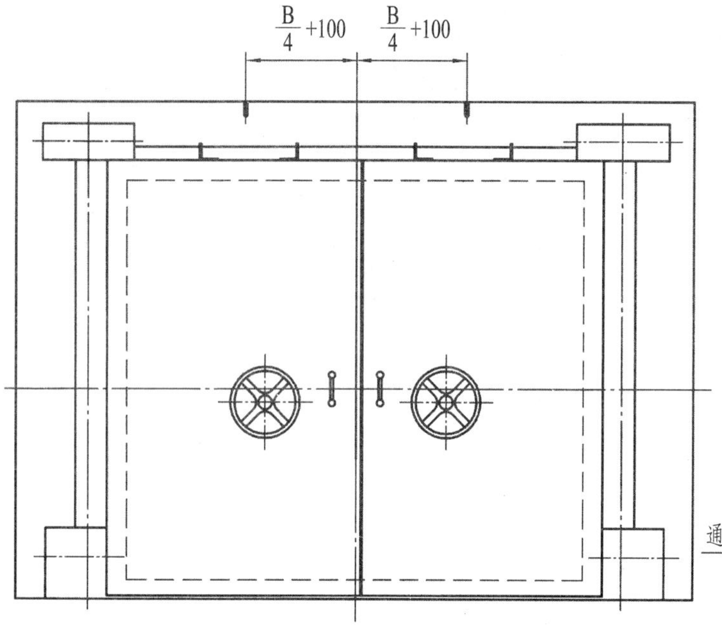

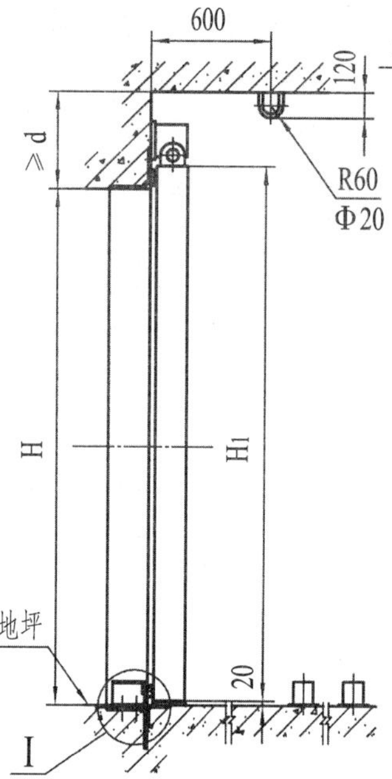

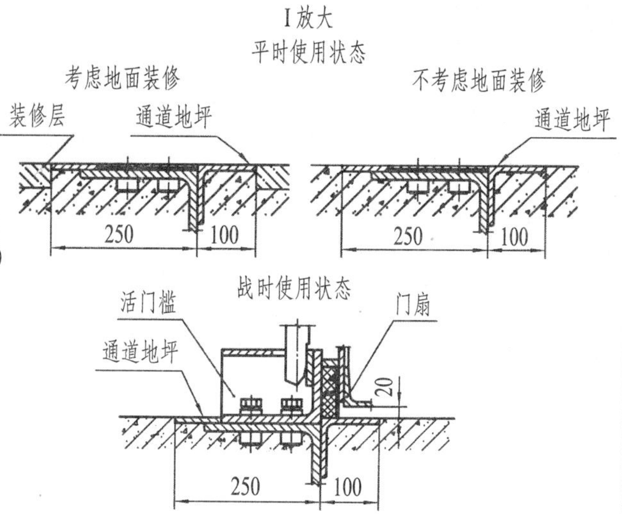

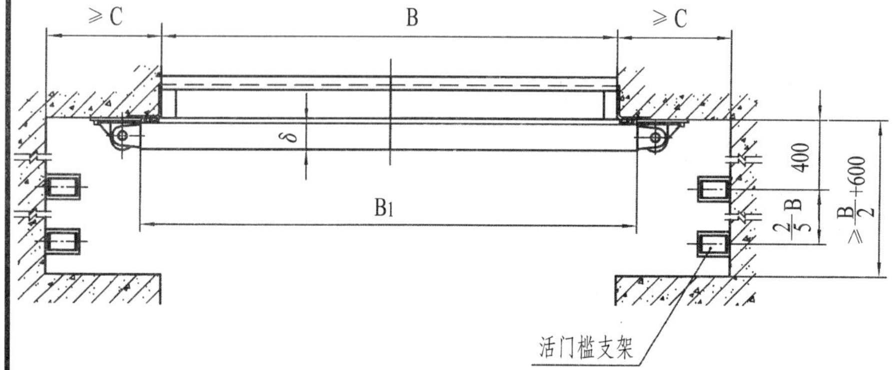

型号 \ 参数	门孔宽B	门孔高H	门扇厚δ	B1	H1	C	d	总质量(kg)
GHSM2020	2000	2000	112	2240	2100	600	500	1594
GHSM2021	2000	2100	112	2240	2200	600	400	1632
GHSM2424	2400	2400	152	2640	2500	600	400	2306
GHSM2522	2500	2200	112	2740	2300	600	400	1980
GHSM2525	2500	2500	152	2740	2600	600	500	2398
GHSM2527	2500	2700	152	2740	2800	600	400	2489
GHSM2528	2500	2800	152	2740	2900	600	400	2525

钢结构活门槛双扇密闭门	页次	24

钢结构活门槛双扇密闭门参数表

参数 / 型号	门孔宽B	门孔高H	门扇厚δ	B_1	H_1	C	d	总质量(kg)
GHSM3022	3000	2200	152	3240	2300	700	500	3054
GHSM3025	3000	2500	156	3240	2600	600	500	3211
GHSM3028	3000	2800	152	3240	2900	600	500	3294
GHSM3030	3000	3000	152	3240	3100	700	500	4010
GHSM3340	3300	4000	152	3540	4100	650	500	4530
GHSM3427	3400	2700	152	3640	2800	700	500	3710
GHSM3434	3400	3400	152	3640	3500	700	500	4960
GHSM3522	3500	2200	152	3740	2300	700	500	3347
GHSM3525	3500	2500	152	3740	2600	600	500	3724
GHSM3538	3500	3800	172	3740	3900	700	500	4617
GHSM3625	3600	2500	152	3840	2600	700	500	3797
GHSM3627	3600	2700	152	3840	2800	600	500	3746
GHSM3824	3800	2400	152	4040	2500	700	500	3550
GHSM4021	4000	2100	152	4240	2200	700	500	3663
GHSM4022	4000	2200	152	4240	2300	700	500	3538
GHSM4025	4000	2500	152	4240	2600	600	500	4025
GHSM4027	4000	2700	152	4240	2800	700	500	4661
GHSM4028	4000	2800	152	4240	2900	700	500	4665
GHSM4030	4000	3000	152	4240	3100	600	500	4670
GHSM4035	4000	3500	152	4240	3600	700	500	4979
GHSM4040	4000	4000	152	4240	4100	700	500	5423
GHSM4522	4500	2200	152	4740	2300	700	500	3463
GHSM4525	4500	2500	152	4740	2600	600	500	4380
GHSM4528	4500	2800	152	4740	2900	700	500	4700
GHSM4530	4500	3000	152	4740	3100	600	500	5028

参数 / 型号	门孔宽B	门孔高H	门扇厚δ	B_1	H_1	C	d	总质量(kg)
GHSM4545	4500	4500	176	4740	4600	700	700	8065
GHSM4830	4800	3000	152	5040	3100	700	500	5176
GHSM5021	5000	2100	152	5240	2200	700	500	4350
GHSM5022	5000	2200	152	5240	2300	700	500	4470
GHSM5025	5000	2500	152	5240	2600	600	500	4694
GESM5030	5000	3000	152	5240	3100	600	500	4990
GHSM5035	5000	3500	152	5240	3600	700	500	6572
GHSM5039	5000	3900	172	5240	4000	700	500	6670
GHSM5042	5000	4200	216	5240	4300	700	700	8757
GHSM5045	5000	4500	216	5240	4600	700	700	9108
GHSM5530	5500	3000	152	5740	3100	700	500	5614
GHSM5625	5600	2500	152	5840	2600	700	500	5038
GHSM6025	6000	2500	152	6240	2600	600	500	5397
GHSM6027	6000	2700	152	6240	2800	700	500	5533
GHSM6028	6000	2800	152	6240	2900	700	500	5683
GHSM6030	6000	3000	152	6240	3100	600	500	6195
GHSM6530	6500	3000	152	6740	3100	600	500	6426
GHSM7022	7000	2200	152	7240	2300	700	500	5182
GHSM7025	7000	2500	152	7240	2600	600	500	5941
GHSM7026	7000	2600	152	7240	2700	700	500	6019
GHSM7028	7000	2800	152	7240	2900	700	500	6096
GHSM7030	7000	3000	152	7240	3100	700	500	6230
GHSM7043	7000	4300	172	7240	4400	700	500	8629
GHSM8025	8000	2500	172	8240	2600	700	500	6612

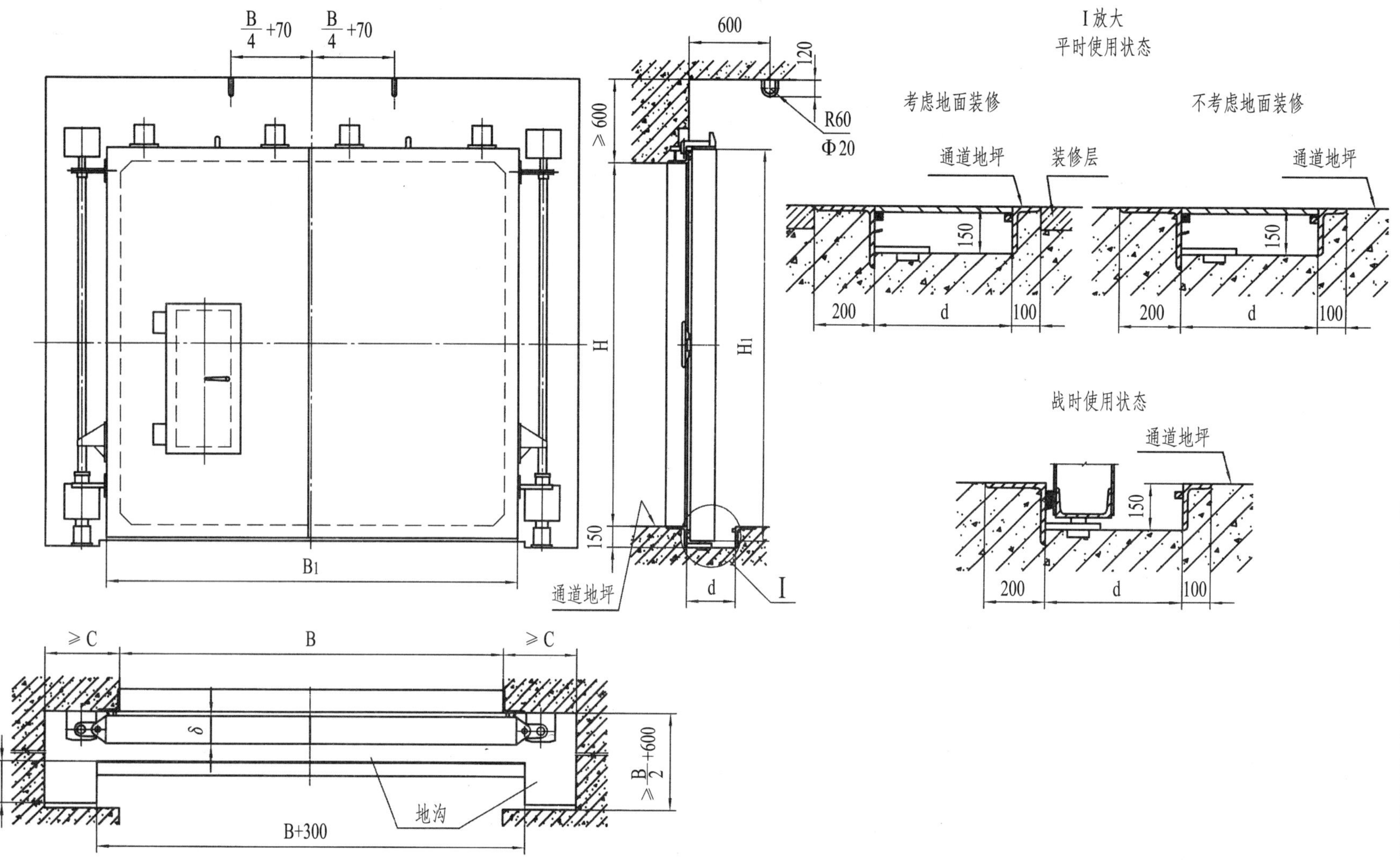

B/4 +70
B/4 +70
600
120
≥600
R60
Φ20
H
H1
150
B1
通道地坪
d
I
I放大
平时使用状态
考虑地面装修
不考虑地面装修
通道地坪
装修层
150
200
d
100
战时使用状态
≥C
B
≥C
δ
300
≥B/2+600
地沟
B+300

降落式双扇防护密闭门

降落式双扇防护密闭门

参数 型号	门孔宽B	门孔高H	门扇厚δ	B_1	H_1	C	d	总质量(kg)
JSFM2525(5)	2500	2500	200	2700	2700	600	360	3546
JSFM3025(5)	3000	2500	200	3200	2700	600	360	4100
JSFM3026(5)	3000	2600	200	3200	2800	550	360	4112
JSFM4025(5)	4000	2500	240	4200	2700	600	400	4858
JSFM4026(5)	4000	2600	242	4200	2800	650	400	7618
JSFM4525(5)	4500	2500	240	4700	2700	600	400	5432
JSFM4526(5)	4500	2600	242	4700	2800	650	450	8480
JSFM5025(5)	5000	2500	240	5200	2700	600	450	6629
JSFM5026(5)	5000	2600	240	5200	2800	600	450	7377
JSFM5027(5)	5000	2700	242	5200	2900	650	400	7379
JSFM6025(5)	6000	2500	242	6200	2700	600	450	7377
JSFM6026(5)	6000	2600	242	6200	2800	600	450	8872
JSFM6027(5)	6000	2700	242	6200	2900	600	450	8763
JSFM6030(5)	6000	3000	240	6200	3200	600	500	9806
JSFM7025(5)	7000	2500	240	7200	2700	600	500	9622
JSFM7026(5)	7000	2600	242	7200	2800	650	700	10017

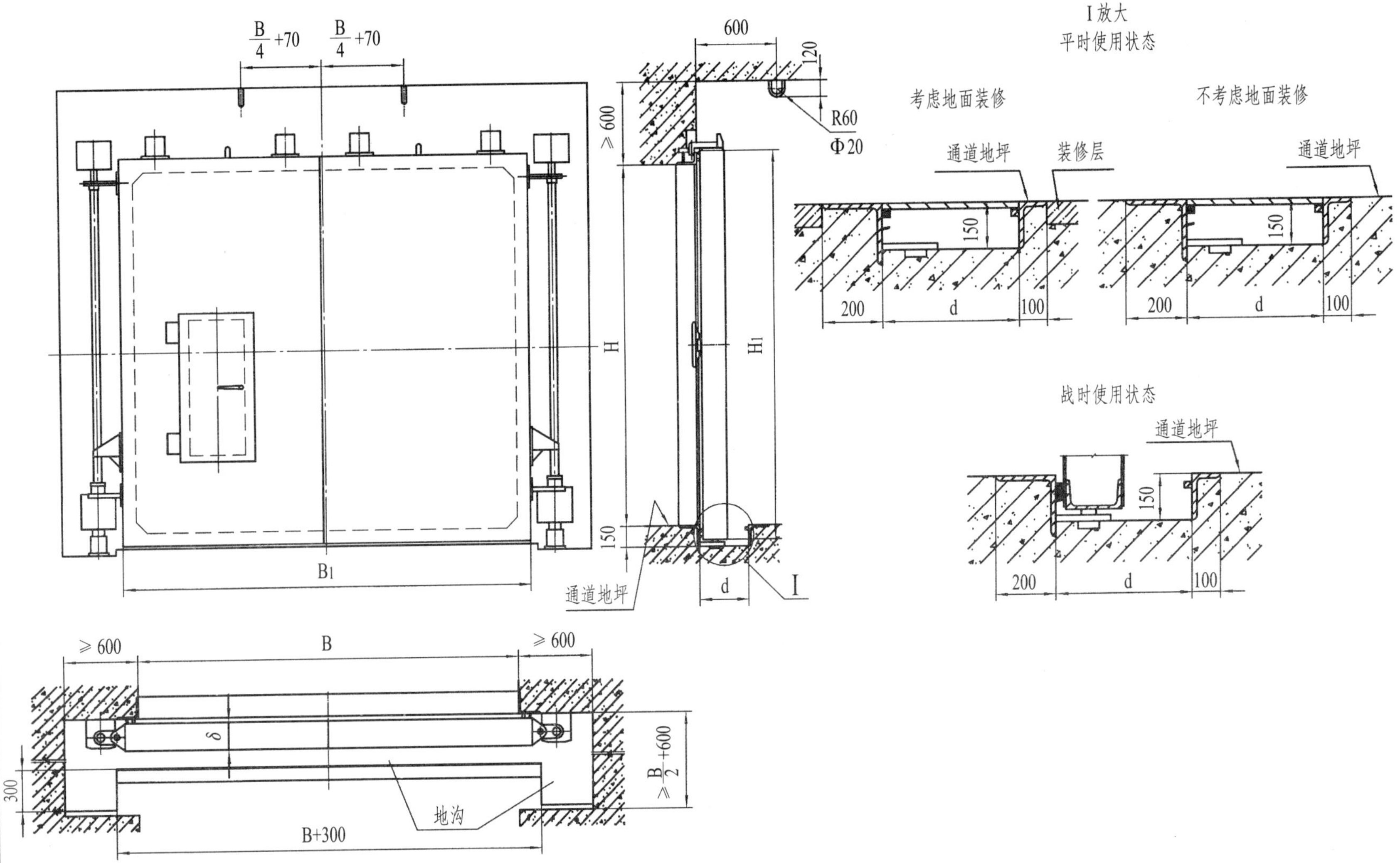

降落式双扇密闭门	页 次	28

降落式双扇密闭门参数表

参数 型号	门孔宽B	门孔高H	门扇厚δ	B_1	H_1	d	总质量(kg)
JSM2525	2500	2500	200	2700	2700	360	2794
JSM3025	3000	2500	196	3200	2700	360	3850
JSM4025	4000	2500	190	4200	2700	400	4091
JSM4026	4000	2600	192	4200	2800	400	6394
JSM4525	4500	2500	192	4700	2700	400	4153
JSM4526	4500	2600	192	4700	2800	400	6866
JSM5025	5000	2500	192	5200	2700	450	4393
JSM5026	5000	2600	196	5200	2800	450	3850
JSM5027	5000	2700	196	5200	2900	450	6440
JSM6025	6000	2500	196	6200	2700	450	7277
JSM6026	6000	2600	196	6200	2800	450	7446
JSM6027	6000	2700	196	6200	2900	450	6771
JSM6030	6000	3000	196	6200	3200	450	8002
JSM7025	7000	2500	196	7200	2700	500	8259
JSM7026	7000	2600	196	7200	2800	400	8305

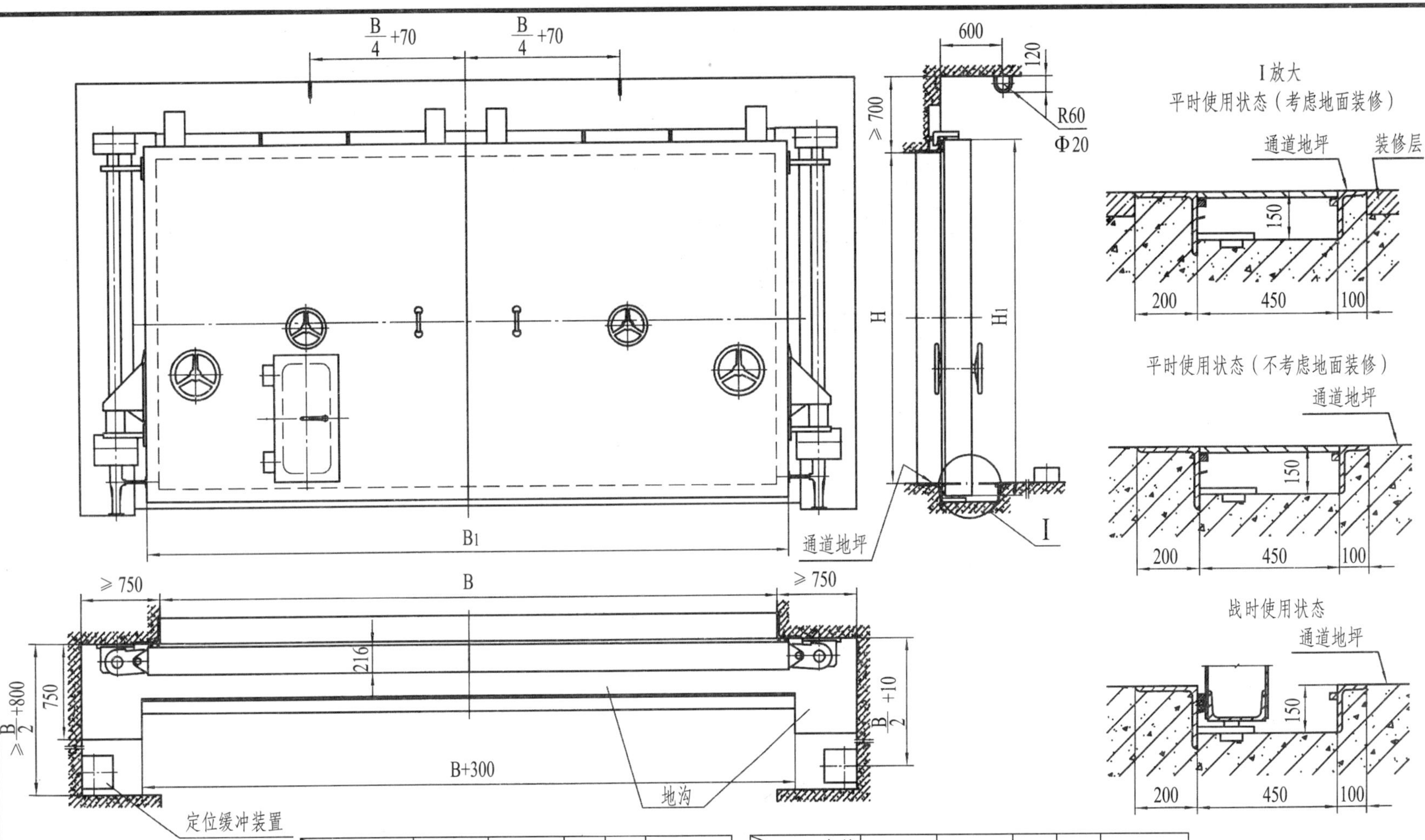

型号 \ 参数	门孔宽B	门孔高H	B_1	H_1	总质量(kg)
JSFM4026(6)A	4000	2600	4200	2800	5262
JSFM5026(6)A	5000	2600	5200	2800	6352
JSFM5030(6)A	5000	3000	5200	3200	6918
JSFM5526(6)A	5500	2600	5700	2800	6685

型号 \ 参数	门孔宽B	门孔高H	B_1	H_1	总质量(kg)
JSFM6026(6)A	6000	2600	6200	2800	7029
JSFM6030(6)A	6000	3000	6200	3200	7680
JSFM7026(6)A	7000	2600	7200	2800	8104

新型降落式双扇防护密闭门（一）

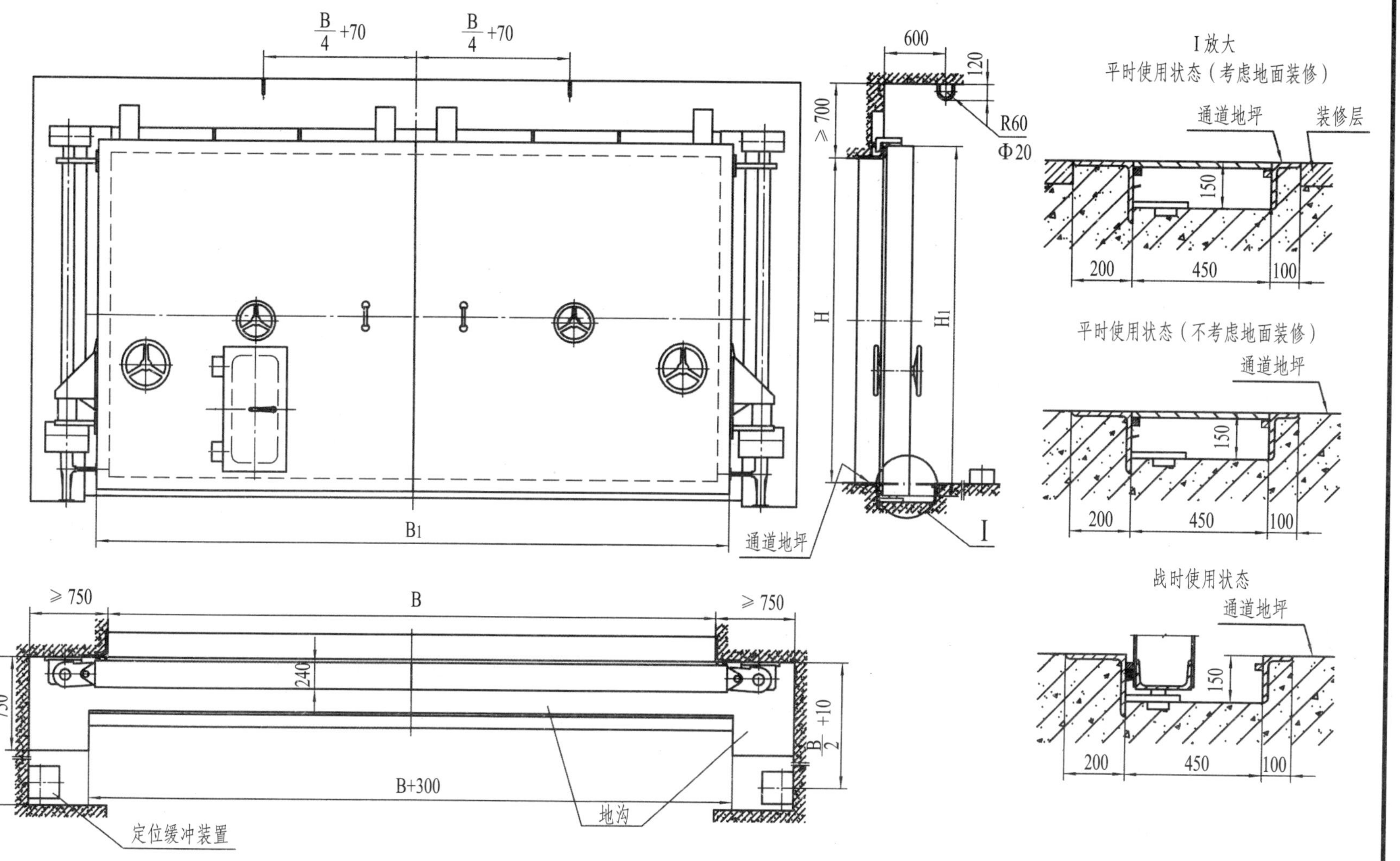

新型降落式双扇防护密闭门（二）	页次	31

新型降落式双扇防护密闭门（二）参数表

参数 / 型号	门孔宽B	门孔高H	B_1	H_1	总质量(kg)
JSFM4026(5)A	4000	2600	4200	2800	5817
JSFM4525(5)A	4500	2500	4700	2700	6525
JSFM4526(5)A	4500	2600	4700	2800	6652
JSFM5025(5)A	5000	2500	5200	2700	6916
JSFM5026(5)A	5000	2600	5200	2800	7050
JSFM5030(5)A	5000	3000	5200	3200	7873
JSFM5526(5)A	5500	2600	5700	2800	7338
JSFM7025(5)A	7000	2500	7200	2700	8920
JSFM7026(5)A	7000	2600	7200	2800	9101
JSFM7029(5)A	7000	2900	7200	3100	9874

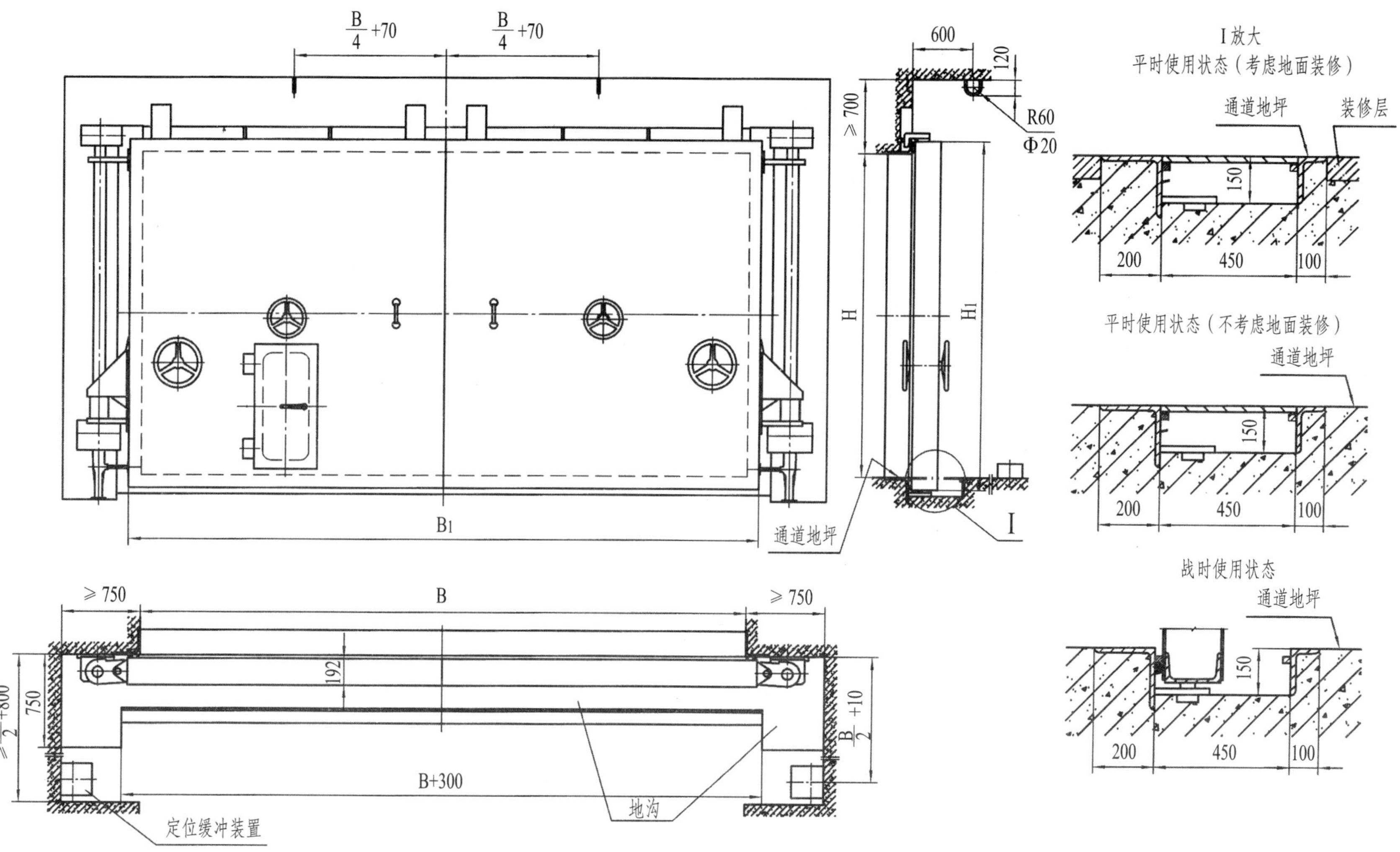

新型降落式双扇密闭门	页 次	33

新型降落式双扇密闭门参数表

参数 / 型号	门孔宽B	门孔高H	B_1	H_1	总质量(kg)
JSM4025A	4000	2500	4200	2700	4550
JSM4026A	4000	2600	4200	2800	4656
JSM4030A	4000	3000	4200	3200	5032
JSM4525A	4500	2500	4700	2700	4880
JSM4526A	4500	2600	4700	2800	4996
JSM5025A	5000	2500	5200	2700	5485
JSM5026A	5000	2600	5200	2800	5591
JSM5030A	5000	3000	5200	3200	6060
JSM5526A	5500	2600	5700	2800	5879
JSM6026A	6000	2600	6200	2800	6169
JSM6030A	6000	3000	6200	3200	6699
JSM7025A	7000	2500	7200	2700	7030
JSM7026A	7000	2600	7200	2800	7108
JSM7029A	7000	2900	7200	3100	7550

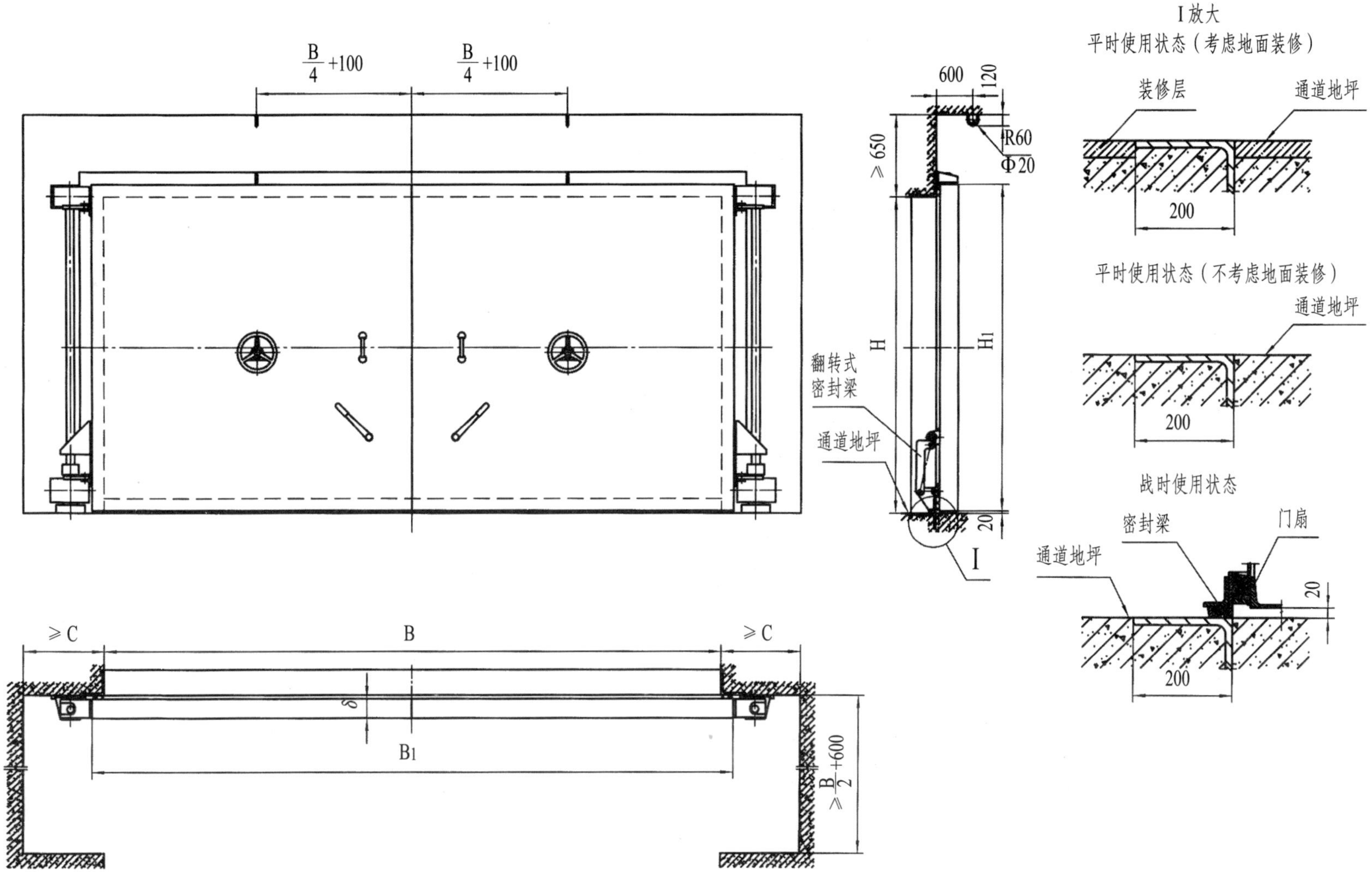

连通口双向受力双扇防护密闭门（一）	页次	35

连通口双向受力双扇防护密闭门（一）参数表

型号 \ 参数	门孔宽B	门孔高H	门扇厚δ	B_1	H_1	C	总质量(kg)
GSFMG3025（6）	3000	2500	150	3200	2580	650	2950
GSFMG3538（6）	3500	3800	150	3700	3880	650	4182
GSFMG4025（6）	4000	2500	150	4200	2580	650	3552
GSFMG4625（6）	4600	2500	150	4800	2580	650	3816
GSFMG5021（6）	5000	2100	150	5200	2180	650	3703
GSFMG5022（6）	5000	2200	150	5200	2280	650	3867
GSFMG5025（6）	5000	2500	150	5200	2580	650	3964
GSFMG5030（6）	5000	3000	150	5200	3080	650	4411
GSFMG5525（6）	5500	2500	150	5700	2580	650	4261
GSFMG6022（6）	6000	2200	150	6200	2280	650	4128
GSFMG6025（6）	6000	2500	150	6200	2580	650	4785
GSFMG6028（6）	6000	2800	152	6300	2880	700	5203
GSFMG6032（6）	6000	3200	152	6200	3280	650	5450
GSFMG7025（6）	7000	2500	152	7300	2580	700	5540

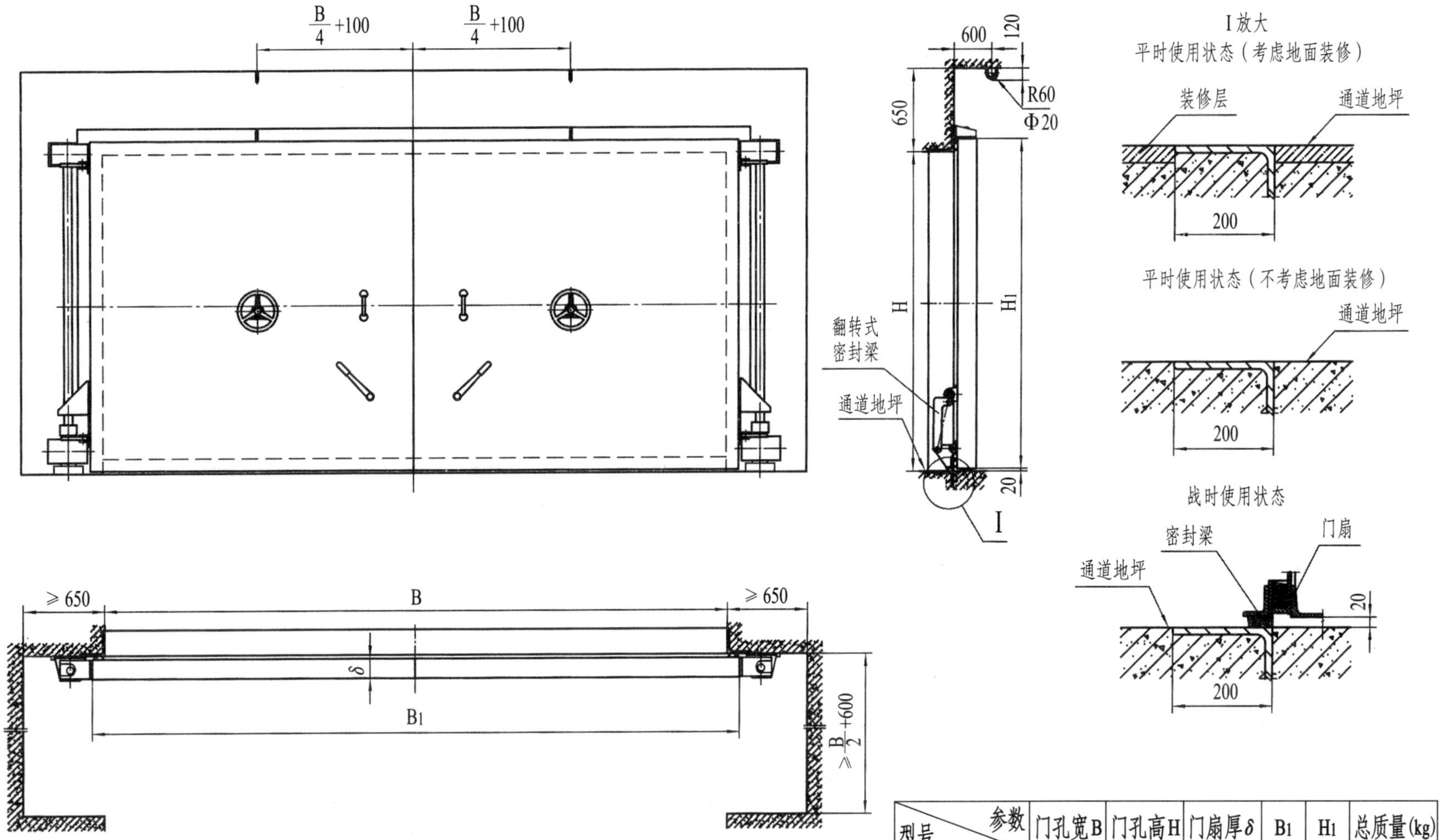

型号 \ 参数	门孔宽B	门孔高H	门扇厚δ	B_1	H_1	总质量(kg)
GSFMG5025 (5)	5000	2500	152	5200	2580	4165

连通口双向受力双扇防护密闭门（二）	页 次	37

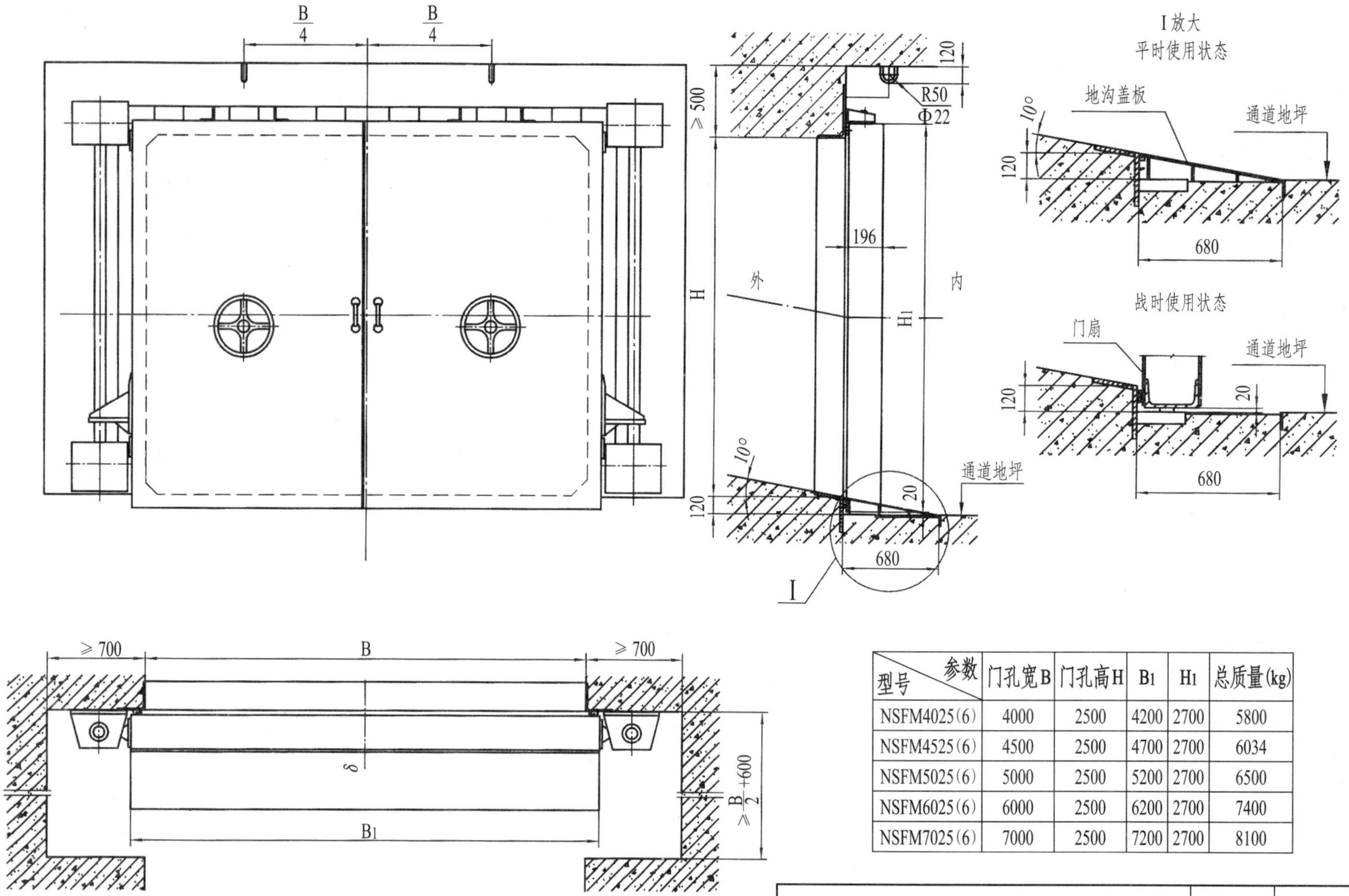

型号 \ 参数	门孔宽B	门孔高H	B_1	H_1	总质量(kg)
NSFM4025(6)	4000	2500	4200	2700	5800
NSFM4525(6)	4500	2500	4700	2700	6034
NSFM5025(6)	5000	2500	5200	2700	6500
NSFM6025(6)	6000	2500	6200	2700	7400
NSFM7025(6)	7000	2500	7200	2700	8100

坡道内开式双扇防护密闭门(一)

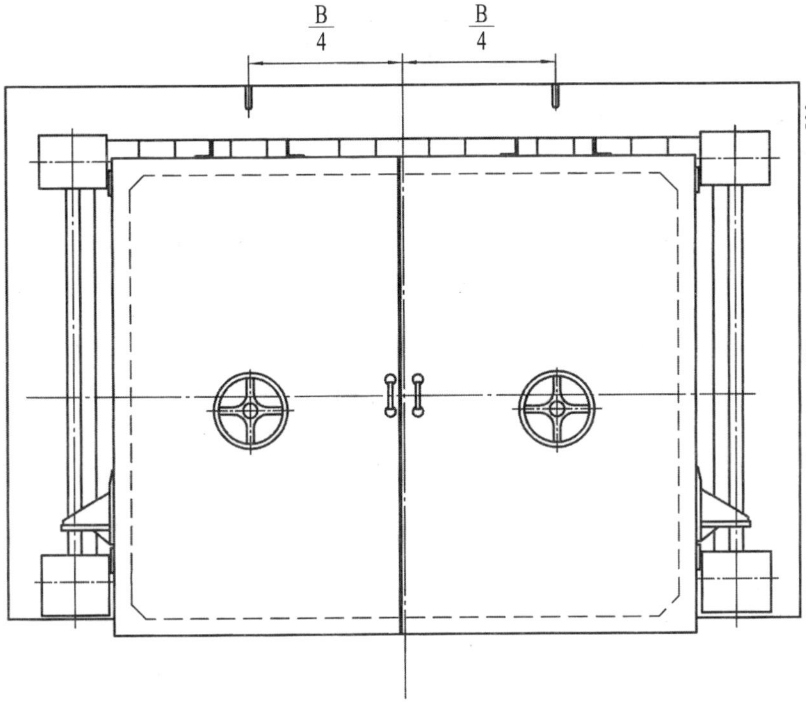

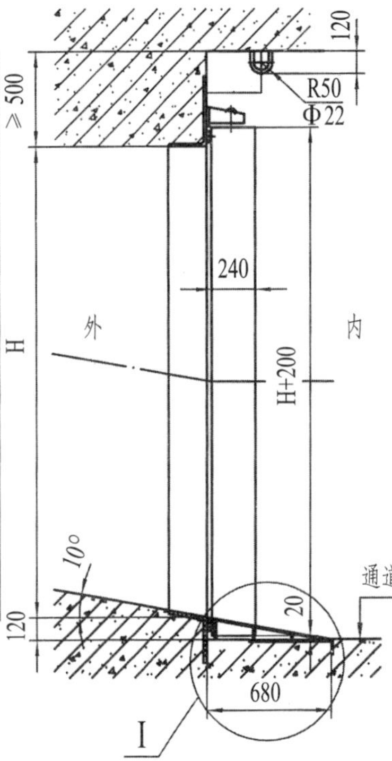

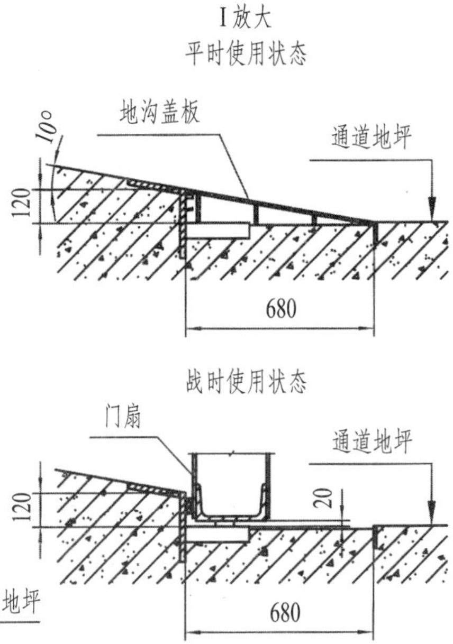

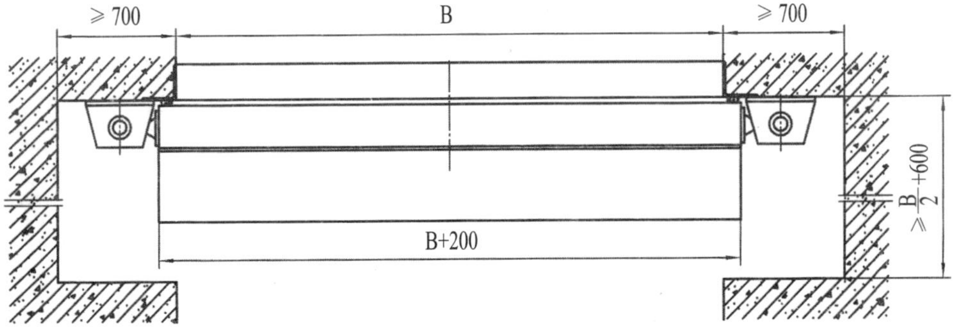

参数 / 型号	门孔宽B	门孔高H	总质量(kg)
NSFM5025(5)	5000	2500	7900

坡道内开式双扇防护密闭门（二） 页次 39

第三部分

防护密闭屏蔽门与密闭屏蔽门

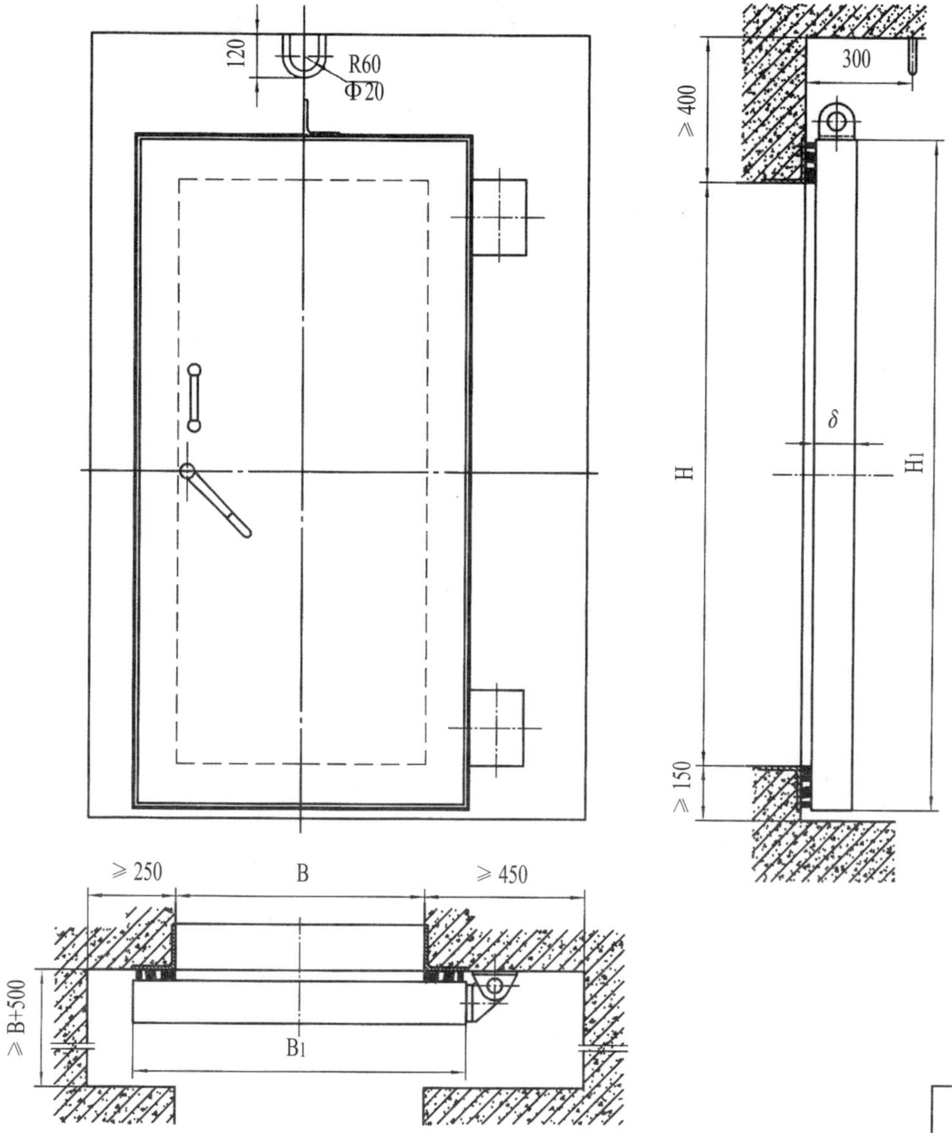

参数 型号	门孔宽B	门孔高H	门扇厚δ	B_1	H_1	总质量(kg)
FMP0716(5)	700	1600	116	940	1840	563
FMP0820(5)	800	2000	156	1040	2240	746
FMP1020(5)	1000	2000	156	1240	2240	874
FMP1320(5)	1300	2000	156	1540	2240	1000
FMP1520(5)	1500	2000	160	1740	2240	1230

防护密闭屏蔽门

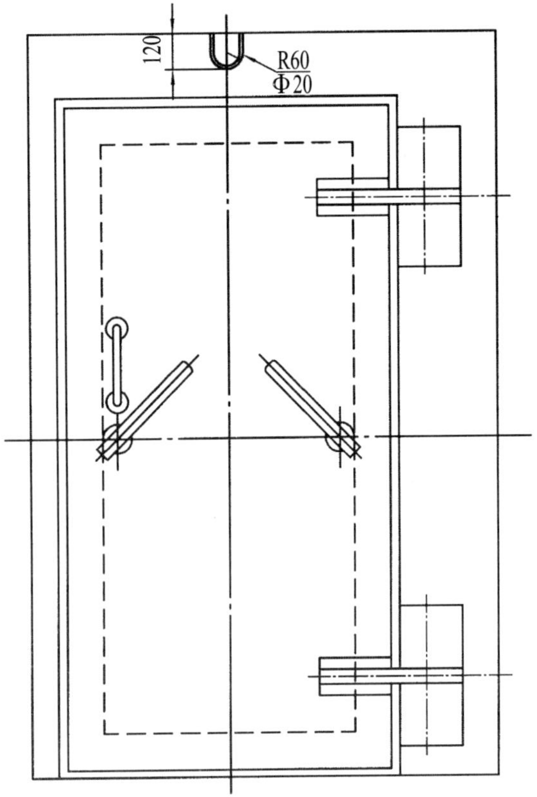

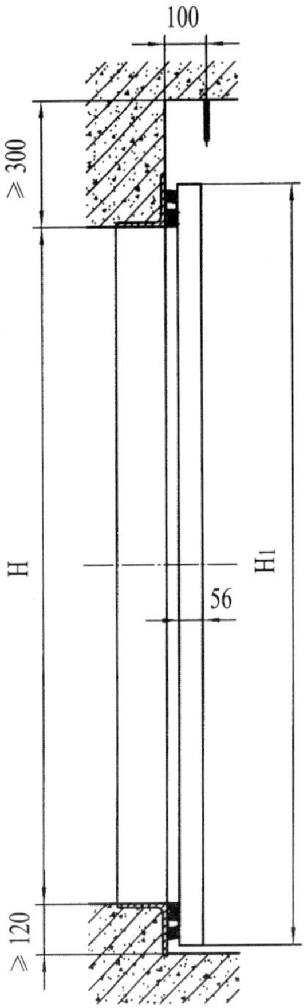

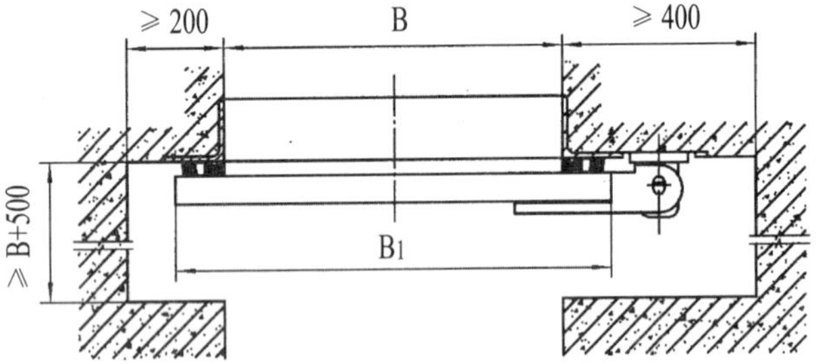

参数 / 型号	门孔宽B	门孔高H	B1	H1	总质量(kg)
MP0716	700	1600	900	1800	263
MP0820	800	2000	1000	2200	514
MP0918	900	1800	1100	2000	539
MP0920	900	2000	1100	2200	547
MP1020	1000	2000	1200	2200	560
MP1220	1200	2000	1400	2200	608
MP1320	1300	2000	1500	2200	635
MP1520	1500	2000	1700	2200	676

密闭屏蔽门	页次	41

第四部分

电控防护密闭门与密闭门

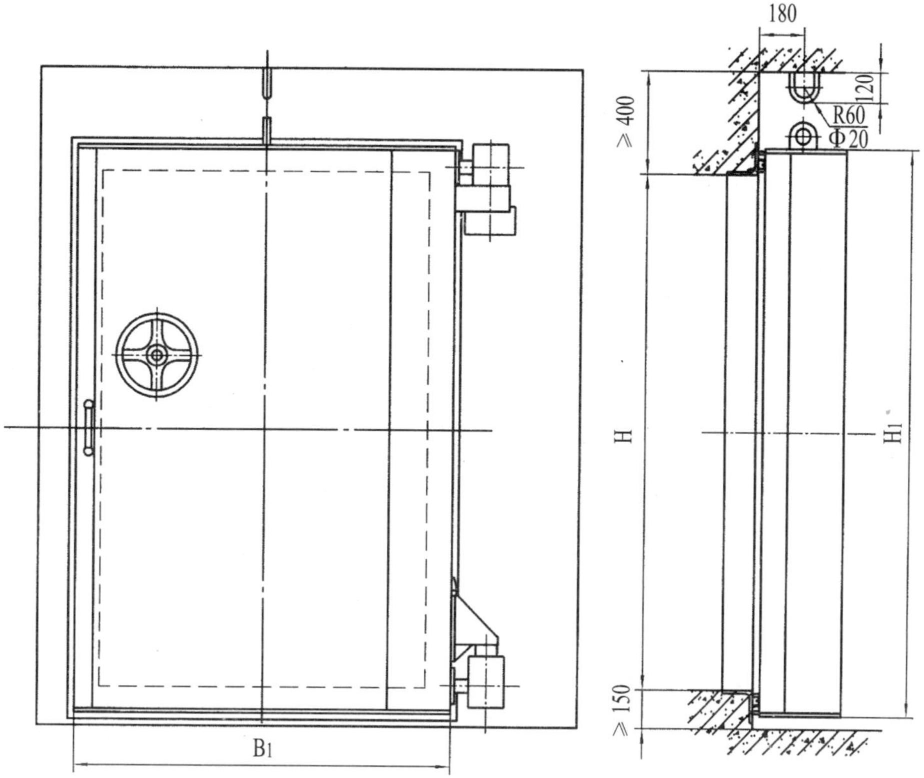

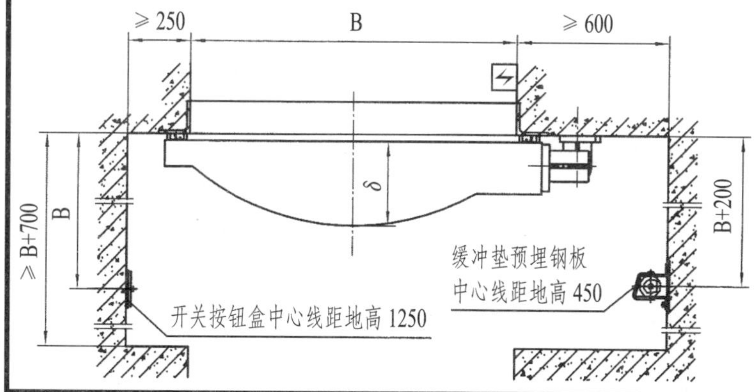

参数 型号	门孔宽B	门孔高H	门扇厚δ	B_1	H_1	总质量(kg)	启闭时间(s)
DFM1020(5)	1000	2000	309	1200	2200	1604	≤15
DFM1320(5)	1300	2000	323	1500	2200	1850	≤15
DFM1520(5)	1500	2000	365	1700	2200	1964	≤15

电控防护密闭门	页 次	42

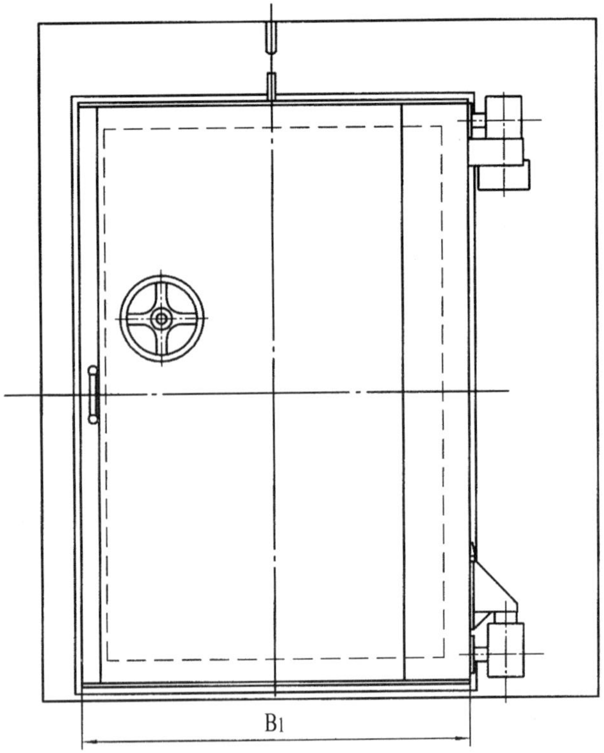

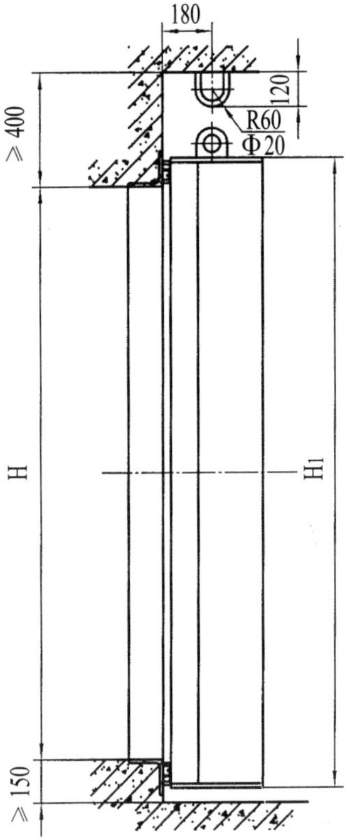

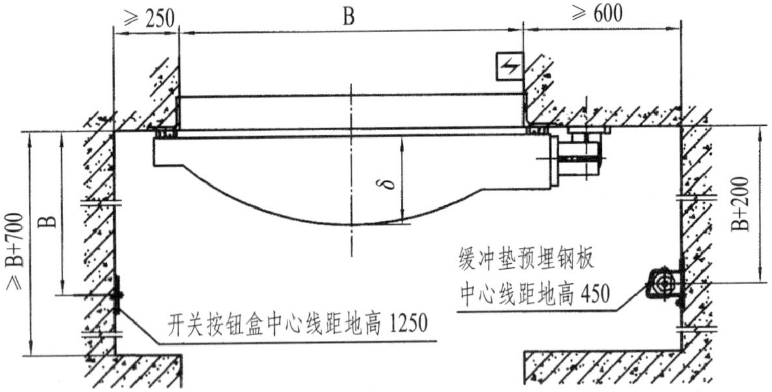

型号 \ 参数	门孔宽B	门孔高H	门扇厚δ	B1	H1	总质量(kg)	启闭时间(s)
DM1020	1000	2000	309	1200	2200	1569	≤15
DM1320	1300	2000	323	1500	2200	1809	≤15
DM1520	1500	2000	365	1700	2200	1946	≤15

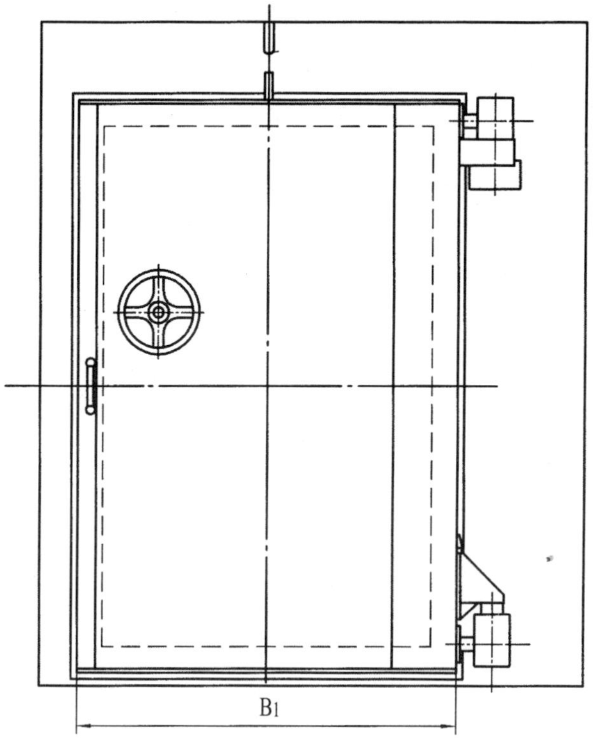

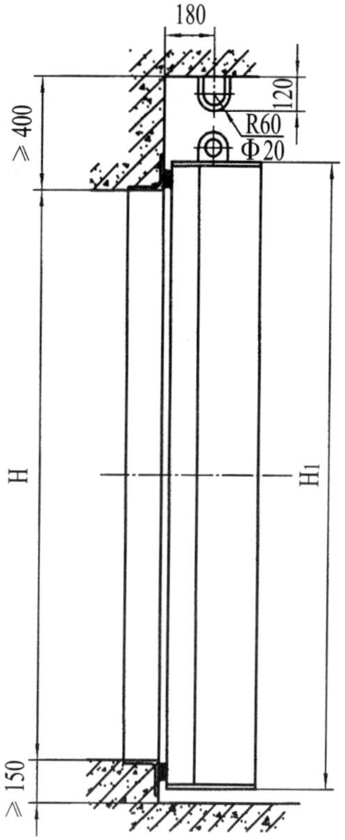

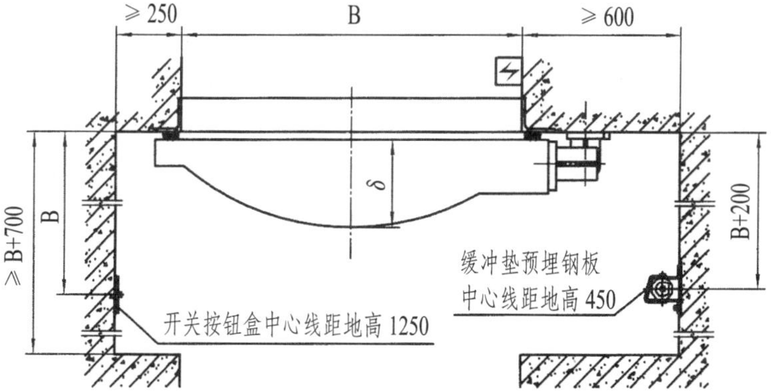

型号 \ 参数	门孔宽B	门孔高H	门扇厚δ	B_1	H_1	总质量(kg)	启闭时间(s)
DMP1020	1000	2000	310	1200	2200	1579	≤15
DMP1320	1300	2000	323	1500	2200	1811	≤15
DMP1520	1500	2000	365	1700	2200	1947	≤15

电控密闭屏蔽门	页次	44

第五部分

防护防火密闭门与防火密闭门

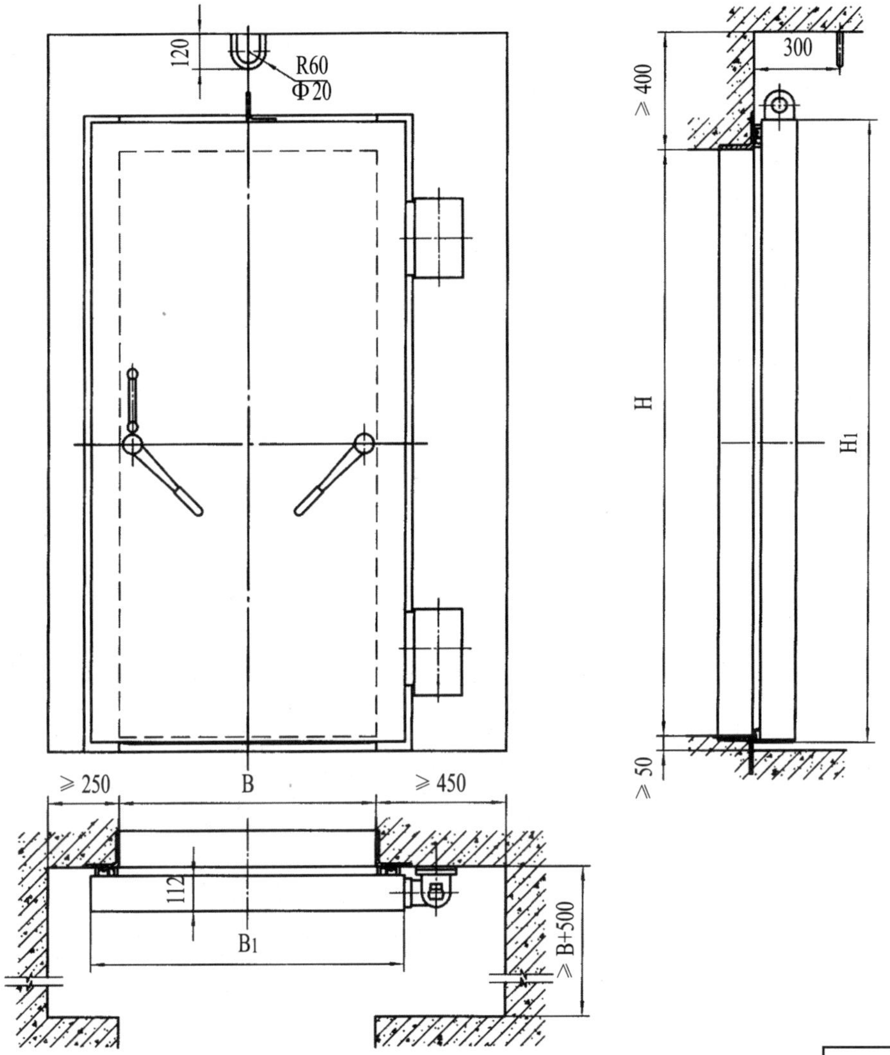

型号 \ 参数	门孔宽B	门孔高H	B1	H1	总质量(kg)
FFHM0820(6)	800	2000	1000	2123	722
FFHM1020(6)	1000	2000	1200	2123	799
FFHM1118(6)	1100	1800	1300	1923	815
FFHM1220(6)	1200	2000	1400	2123	843
FFHM1320(6)	1300	2000	1500	2123	951
FFHM1520(6)	1500	2000	1700	2123	1035

防护防火密闭门(一)	页次	45

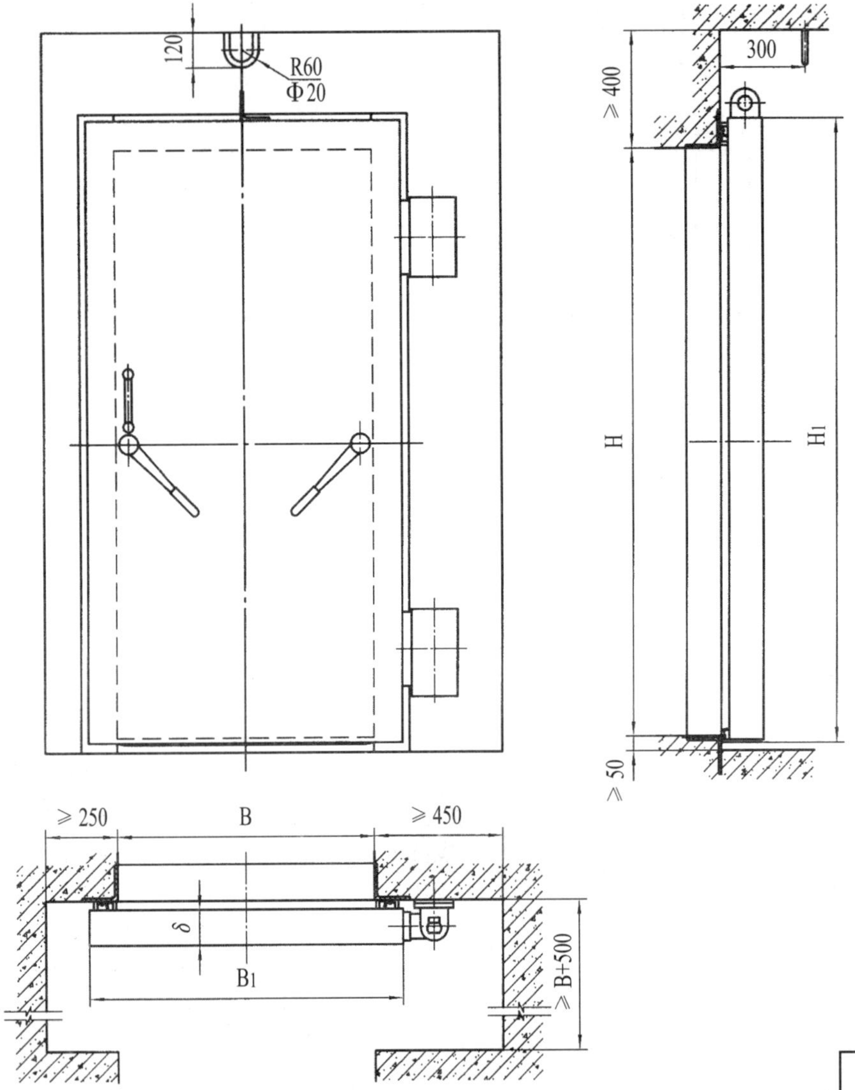

参数 型号	门孔宽B	门孔高H	门扇厚δ	B1	H1	总质量(kg)
FFHM0820(5)	800	2000	116	1000	2123	745
FFHM0920(5)	900	2000	116	1100	2123	876
FFHM1020(5)	1000	2000	156	1200	2123	1039
FFHM1220(5)	1200	2000	156	1400	2123	1144
FFHM1320(5)	1300	2000	156	1500	2123	1199
FFHM1520(5)	1500	2000	156	1700	2123	1203
FFHM2020(5)	2000	2000	156	2200	2123	1894

防护防火密闭门（二）

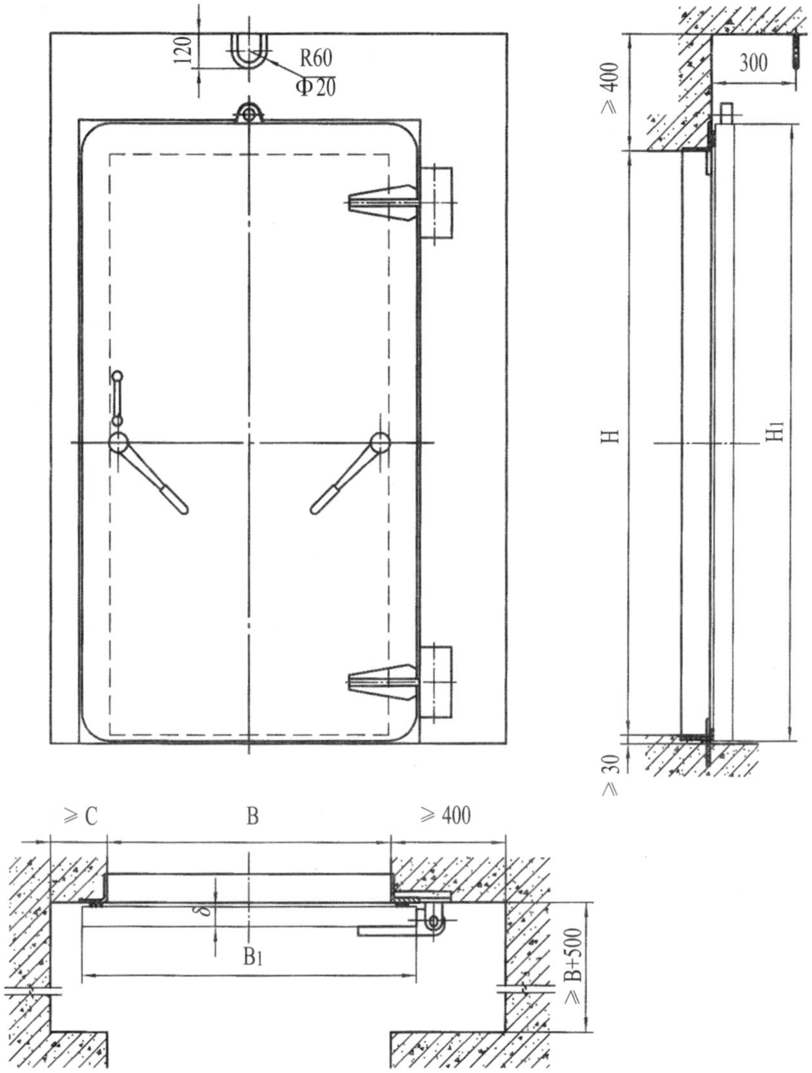

型号 \ 参数	门孔宽B	门孔高H	门扇厚δ	C	B_1	H_1	总质量(kg)
FHM0818	800	1800	64	200	980	1911	397
FHM0820	800	2000	64	200	980	2111	392
FHM0916	900	1600	64	200	1080	1711	374
FHM0918	900	1800	64	200	1080	1911	340
FHM0920	900	2000	64	200	1080	2111	420
FHM1020	1000	2000	64	200	1180	2111	465
FHM1021	1000	2100	64	200	1180	2211	464
FHM1118	1100	1800	64	200	1280	1911	447
FHM1220	1200	2000	64	200	1380	2111	508
FHM1320	1300	2000	64	200	1480	2111	503
FHM1321	1300	2100	64	200	1480	2211	516
FHM1520	1500	2000	112	250	1680	2123	999
FHM1521	1500	2100	112	250	1680	2223	1030
FHM2020	2000	2000	138	250	2180	2123	1267
FHM2022	2000	2200	138	250	2180	2323	1355

防火密闭门	页 次	47

第六部分

密闭观察窗

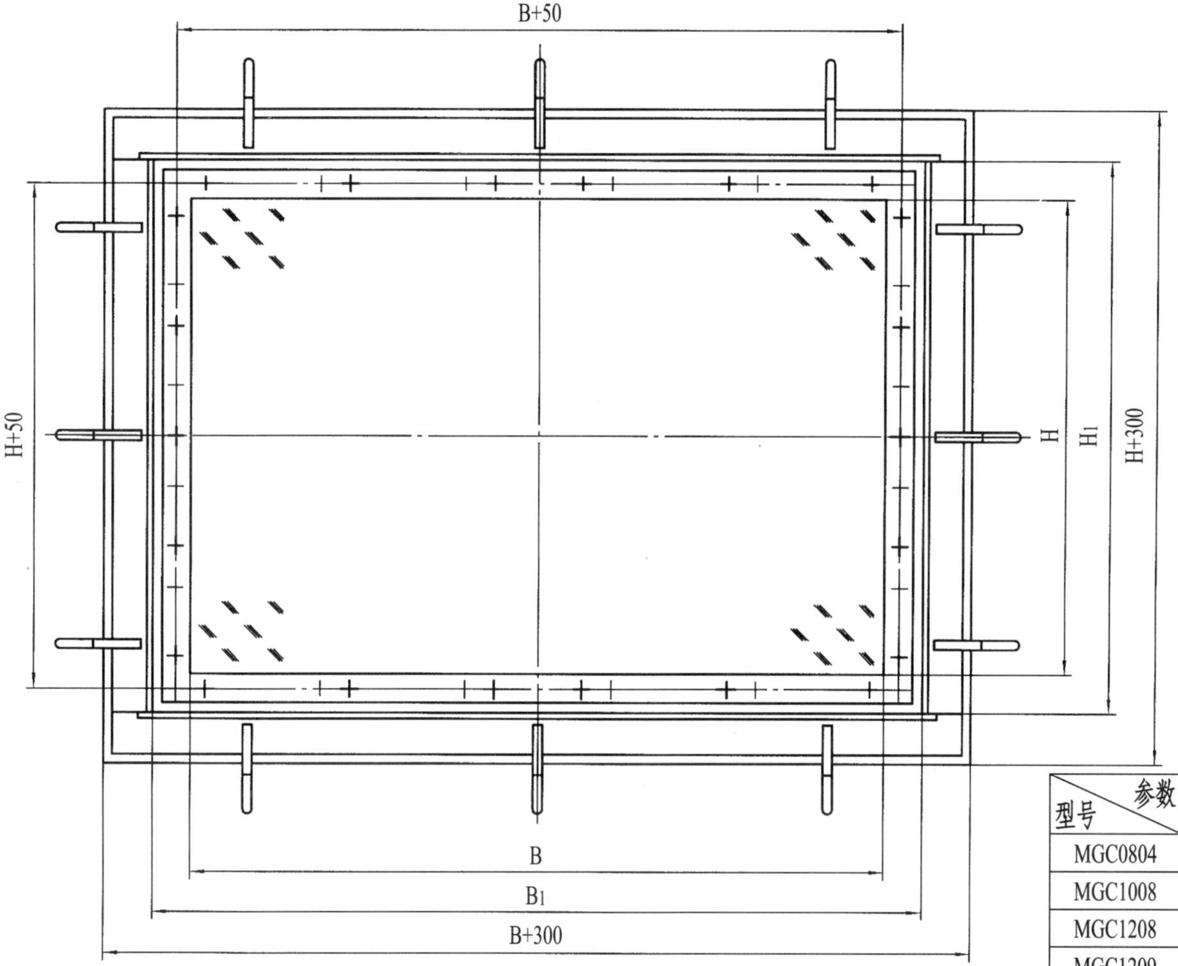

型号 \ 参数	透明窗孔口尺寸 B×H	土建预留孔口尺寸 B1×H1	总质量(kg)
MGC0804	800 ×400	950×550	136
MGC1008	1000×800	1150×950	193
MGC1208	1200×800	1350×950	256
MGC1209	1200×900	1350×1050	271
MGC1212	1200×1200	1350×1350	288
MGC1215	1200×1500	1350×1650	303
MGC2112	2100×1200	2250×1350	372

密闭观察窗

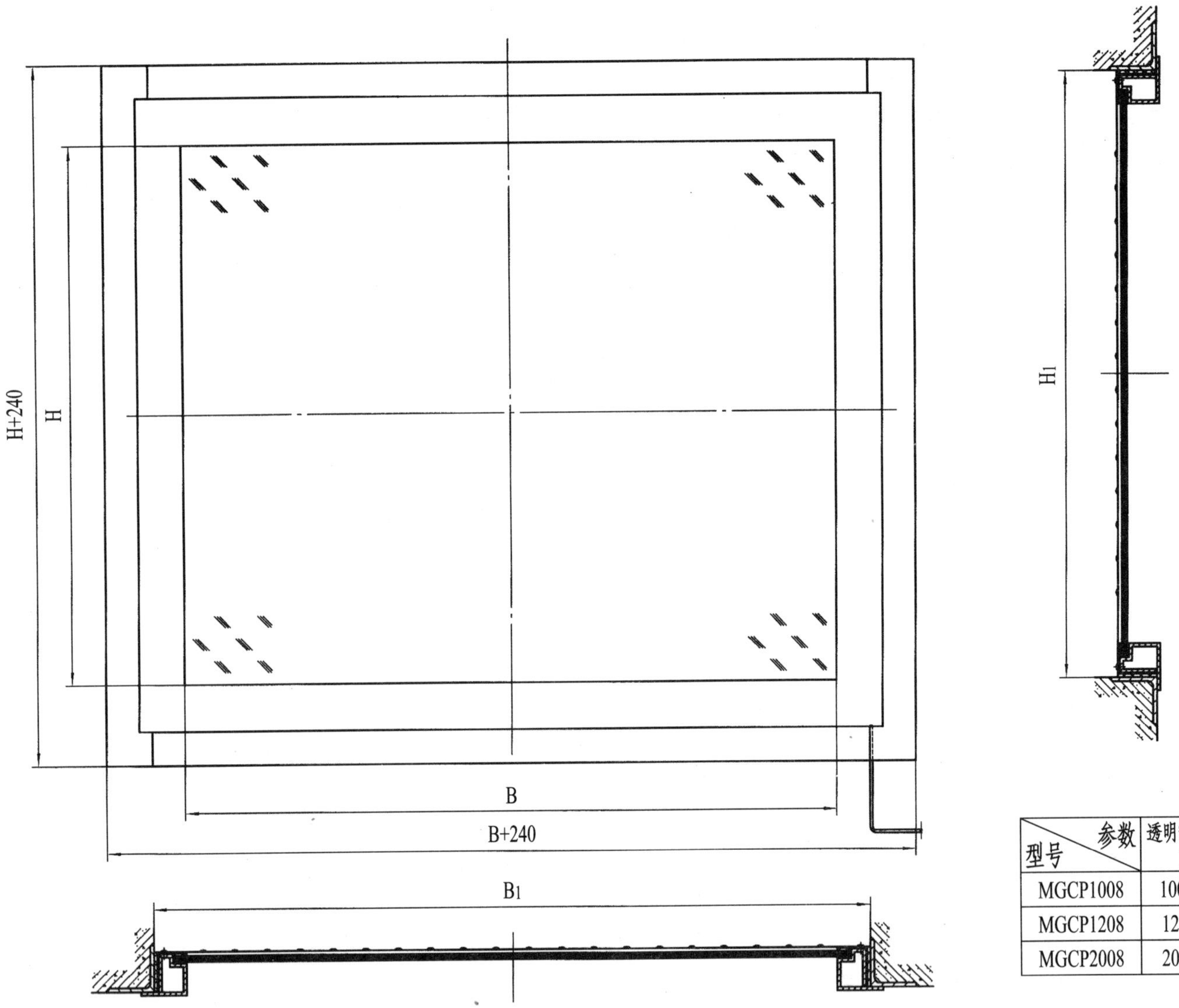

参数 型号	透明窗孔口尺寸 B×H	土建预留孔口尺寸 $B_1 \times H_1$
MGCP1008	1000× 800	1100×900
MGCP1208	1200×800	1300×900
MGCP2008	2000×800	2100×900

密闭屏蔽观察窗	页 次	49

第七部分

防爆波活门

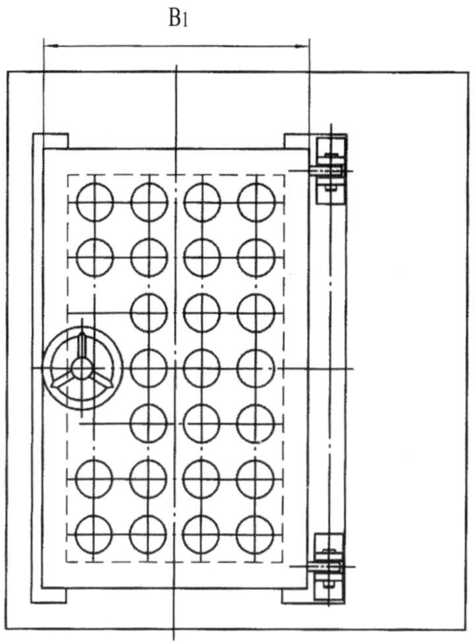

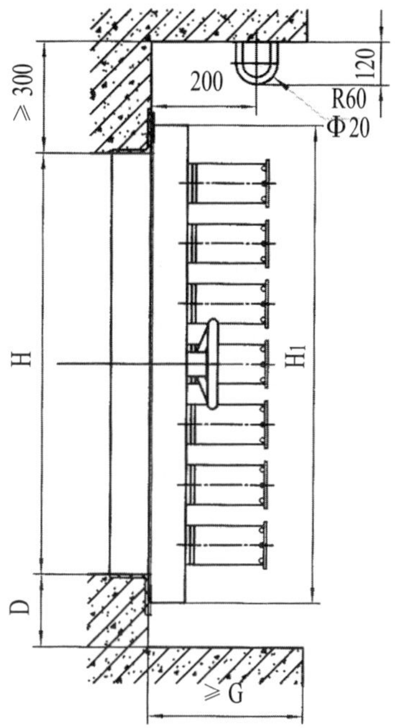

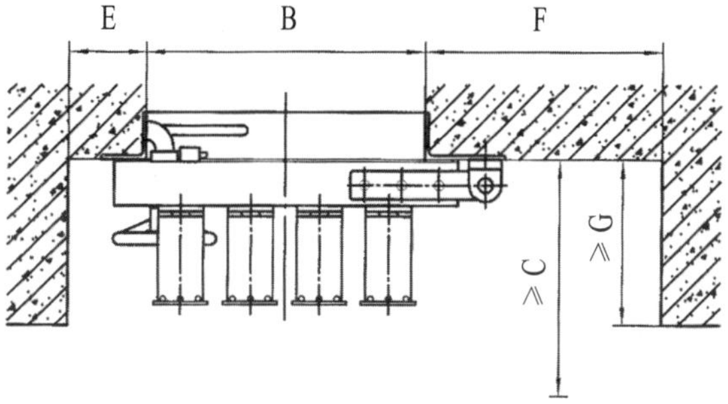

型号 \ 参数	风量 (m^3/h)	门孔尺寸 H×B (mm)	门扇尺寸 $H_1 \times B_1$ (mm)	胶管数 n	门扇质量 (kg)	活门质量 (kg)	扩散室最小尺寸 (高×宽×长)(m)	土建尺寸(mm) D	E	F	G	门扇开启最小尺寸C (mm)
KJH200(5)	900	320×320	440×440	4	14	45	0.45×0.45×0.40	160	140	340	300	550
KJH300(5)	2000	440×440	580×580	9	22	60	0.65×0.65×0.60	170	170	380	300	700
KJH400(5)	3600	880×440	1000×560	16	60	133	1.00×0.80×0.80	160	170	380	300	700
KJH500(5)	5600	1040×560	1200×700	25	85	164	1.20×1.00×1.00	180	170	420	400	800
KJH600(5)	8000	1200×700	1360×840	36	125	225	1.40×1.20×1.20	180	170	410	400	950
KJH800(5)	14500	1800×840	1960×1000	64	266	500	2.00×1.40×1.60	180	180	430	400	1100
KJH1000(5)	22000	2240×980	2400×1140	100	402	570	2.40×1.60×2.00	180	170	430	450	1300

胶管式防爆波活门

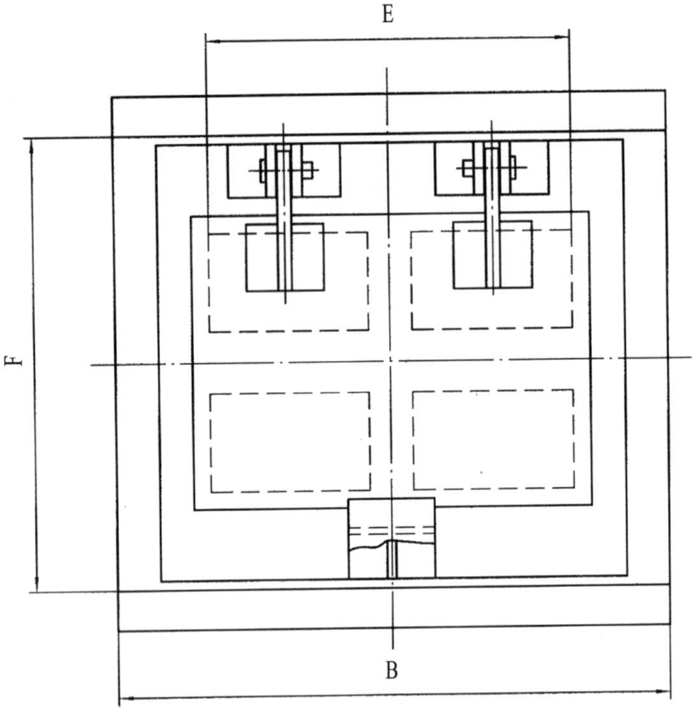

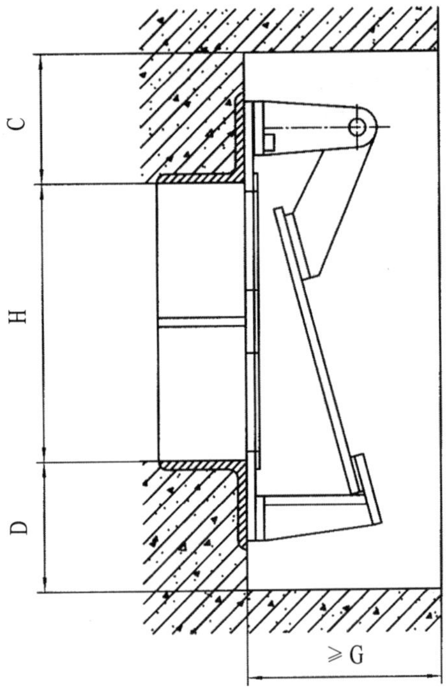

参数 型号	风量Q (m³/h)	转动惯量J (kg·m²)	关闭时间tg (ms)	总质量 (kg)	B	C	D	E	F	G	H
H150(5)	500	0.0163	4.49	9.5	280	105	105	100	245	120	190
H200(5)	900	0.0676	5.20	26.5	450	105	105	310	350	150	190
H300(5)	2000	0.4856	7.72	58	640	145	145	440	510	220	310

悬摆式防爆波活门(一)

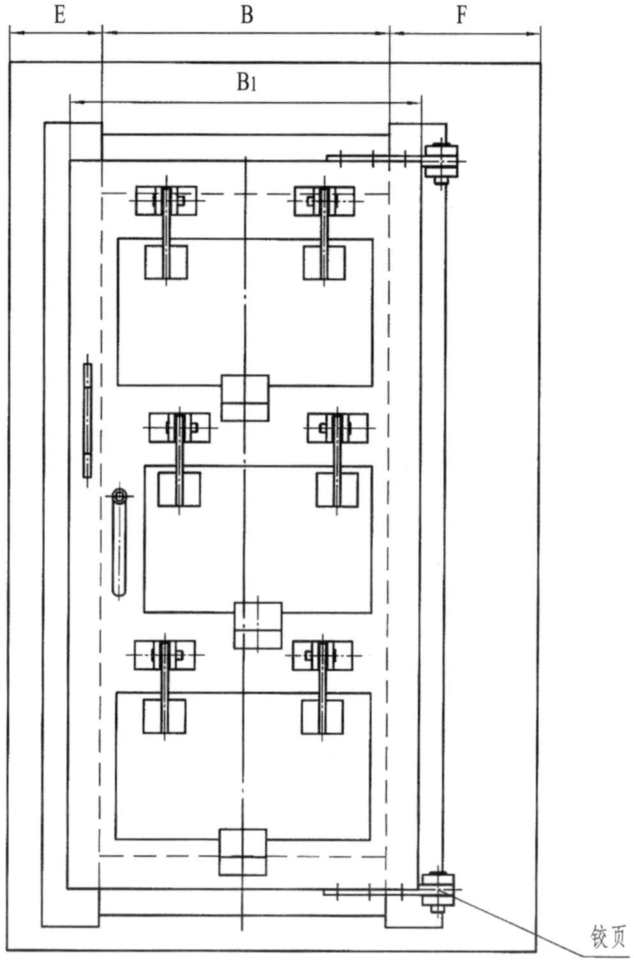

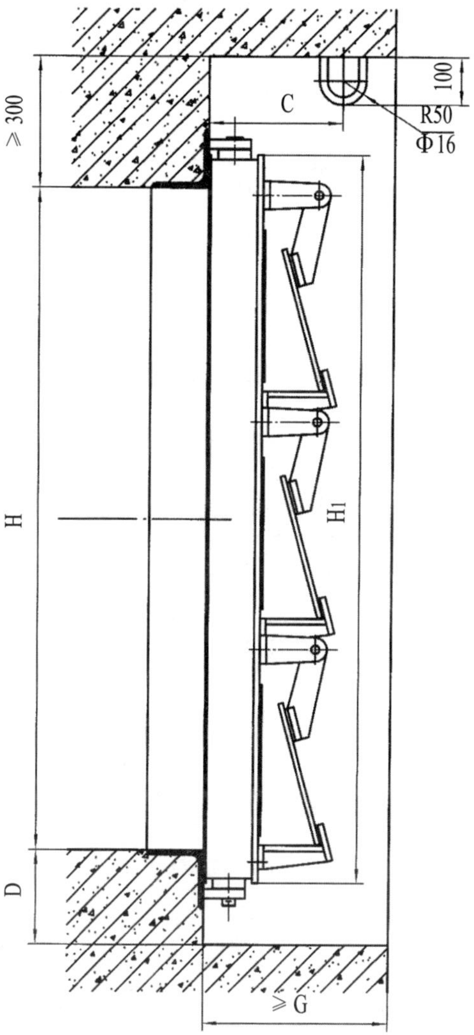

参数 型号	风量Q （m³/h）	转动惯量J （kg·m²）	关闭时间tg （ms）	总质量 （kg）	B	B1	C	D	E	F	G	H	H1
HK400（5）	3600	0.2491	6.67	124	440	560	200	150	200	300	300	800	940
HK600（5）	8000	0.6091	7.81	315	620	760	300	200	200	330	400	1400	1540
HK800（5）	14500	1.1430	8.43	410	650	790	300	150	225	415	450	2000	2140
HK1000（5）	22000	1.9374	8. 92	530	850	1010	300	150	225	425	450	2100	2300

悬摆式防爆波活门（二）	页 次	52

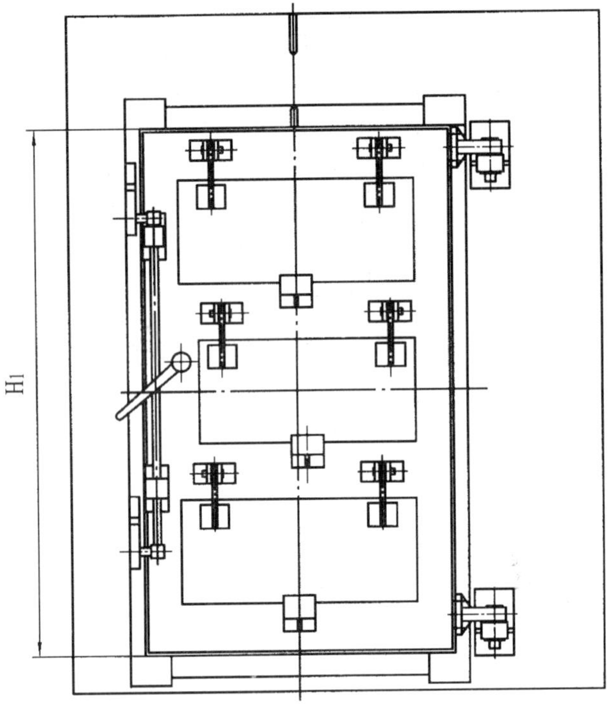

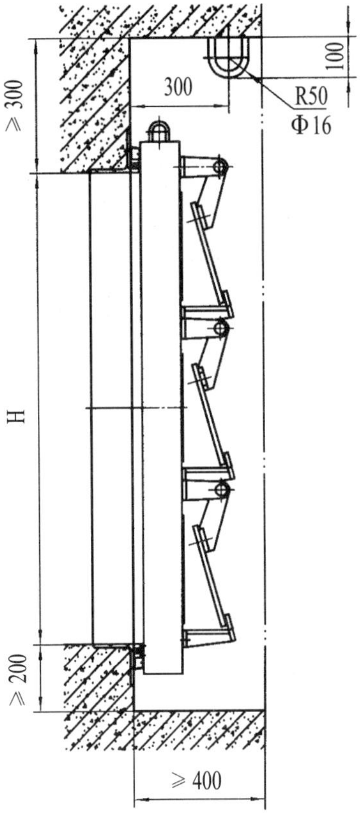

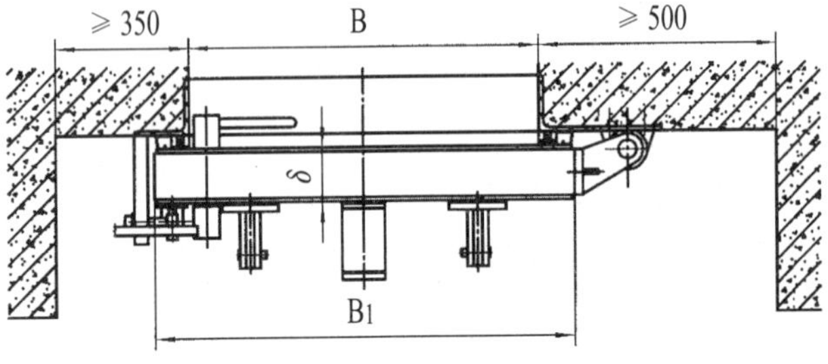

参数 型号	风量Q (m^3/h)	转动惯量J ($kg \cdot m^2$)	关闭时间tg (ms)	门扇厚δ (mm)	总质量 (kg)	B	B1	H	H1
HKP600(5)	8000	0.6091	7.81	112	500	620	780	1400	1580
HKP800(5)	14000	1.1430	8.43	112	685	650	810	2000	2180
HKP1000(5)	20000	1.9374	8.92	112	770	850	1010	2100	2300

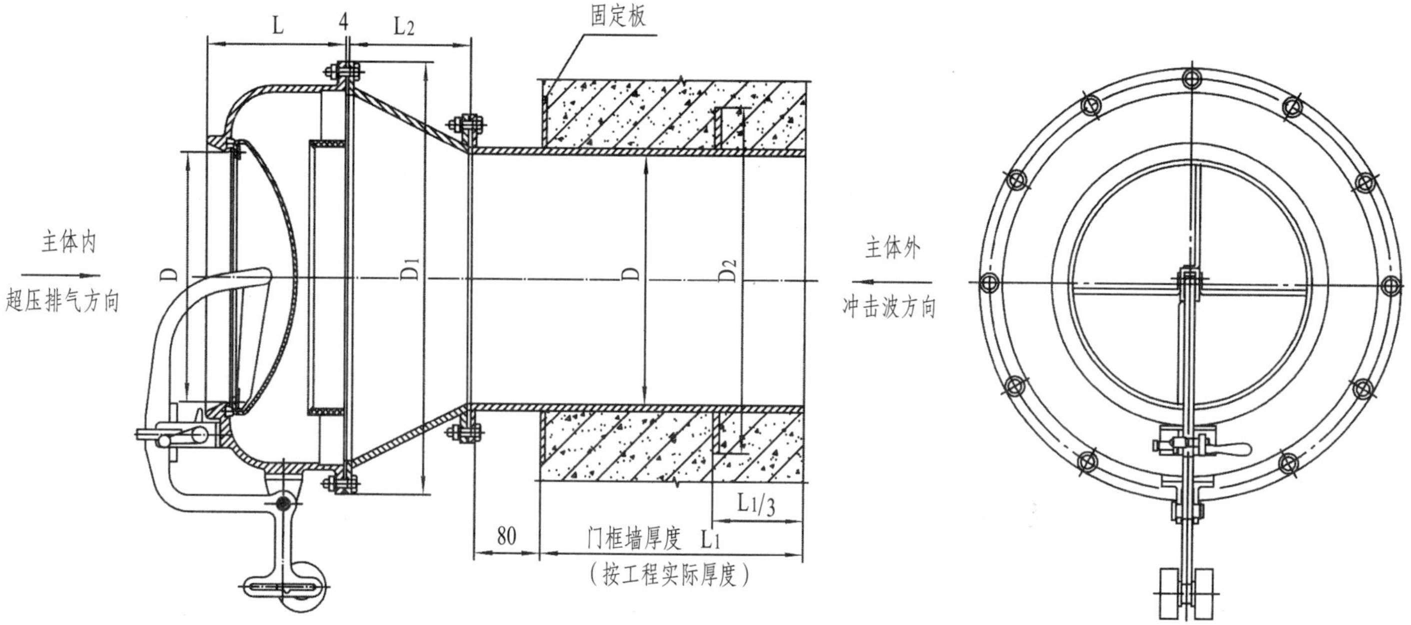

参数 型号	排风量（m³/h）	D	D_1	D_2	L	L_2	固定板尺寸	总质量（kg）	消波率
FCH150（5）	280	150	300	300	93	100	250×250×5	5	90%
FCH200（5）	500	200	380	300	120	120	300×250×5	7	90%
FCH250（5）	800	250	450	360	150	150	400×300×6	22	90%
FCH300（5）	1152	300	520	420	170	150	440×360×6	35	90%

第八部分

密闭阀门

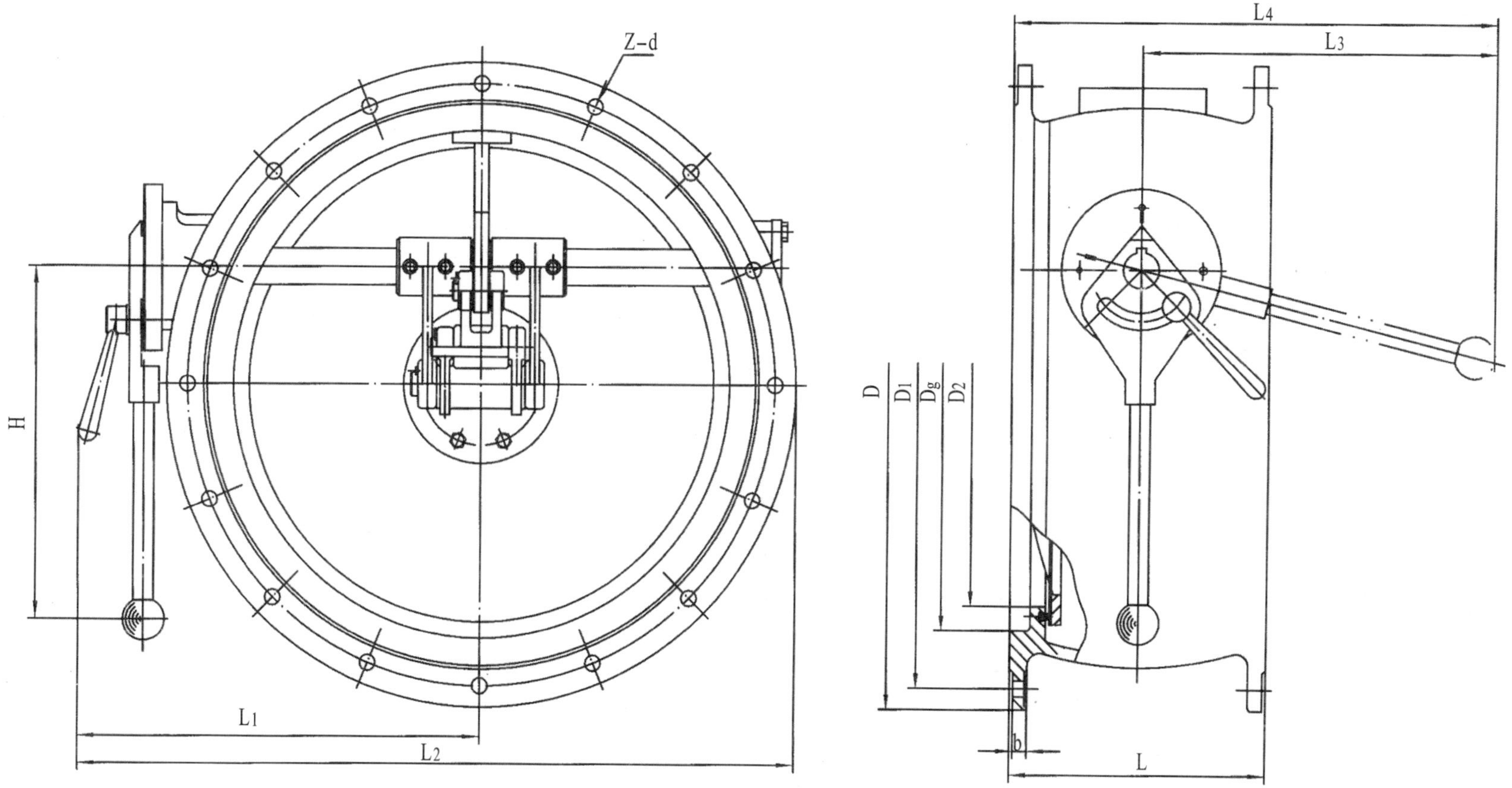

参数 型号	直径					轮廓尺寸					边厚	孔数	孔径	质量
	D_g	D	D_1	D_2	L	L_1	L_2	L_3	L_4	H	b	Z	d	(kg)
SMF15	150	280	250	150	152	216	356	289	365	280	12	13	10	26
SMF20	200	310	280	182	152	230	385	289	365	280	12	13	10	29
SMF30	300	410	380	282	172	280	485	289	375	280	12	13	10	33
SMF40	400	530	495	360	216	343	608	298	406	290	12	16	13	66
SMF50	500	640	600	460	229	396	716	298	413	290	14	16	13	90

手动双连杆密闭阀门	页次	55

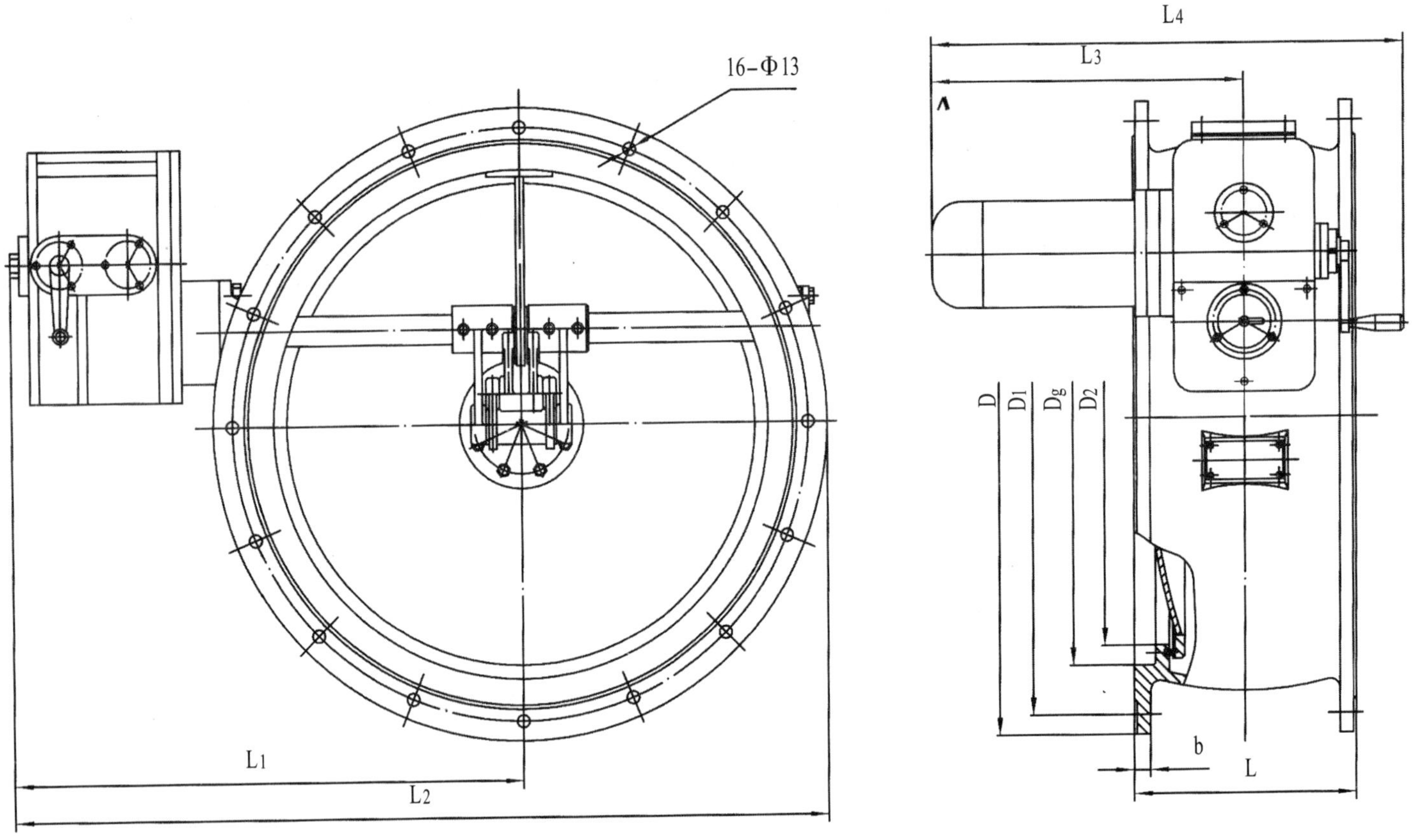

型号 \ 参数	直径				轮廓尺寸					边厚	质量
	D_g	D	D_1	D_2	L	L_1	L_2	L_3	L_4	b	(kg)
DMF40	400	530	495	360	216	482	747	322	490	12	102
DMF50	500	640	600	460	229	532	852	322	490	14	125

手电动双连杆密闭阀门	页次	56

第九部分

防护密闭封堵板

参数 型号	门孔宽B（mm）	门孔高H（mm）	封堵板厚δ（mm）	总质量（kg）
FMDB0606（6）	600	600	4	65
FMDB0806（6）	800	600	5	74
FMDB1006（6）	1000	600	5	106
FMDB1009（6）	1000	900	6	140
FMDB1206（6）	1200	600	6	127
FMDB1209（6）	1200	900	8	180
FMDB1406（6）	1400	600	8	161
FMDB1409（6）	1400	900	8	201
FMDB1606（6）	1600	600	8	176
FMDB1609（6）	1600	900	8	221
FMDB1806（6）	1800	600	8	199
FMDB1809（6）	1800	900	10	276
FMDB2006（6）	2000	600	8	212
FMDB2009（6）	2000	900	10	300
FMDB2206（6）	2200	600	8	232
FMDB2209（6）	2200	900	10	326
FMDB2406（6）	2400	600	8	249
FMDB2409（6）	2400	900	10	349
FMDB2606（6）	2600	600	8	267
FMDB2609（6）	2600	900	10	373
FMDB2806（6）	2800	600	8	285
FMDB2809（6）	2800	900	10	398
FMDB3006（6）	3000	600	8	303
FMDB3009（6）	3000	900	10	422

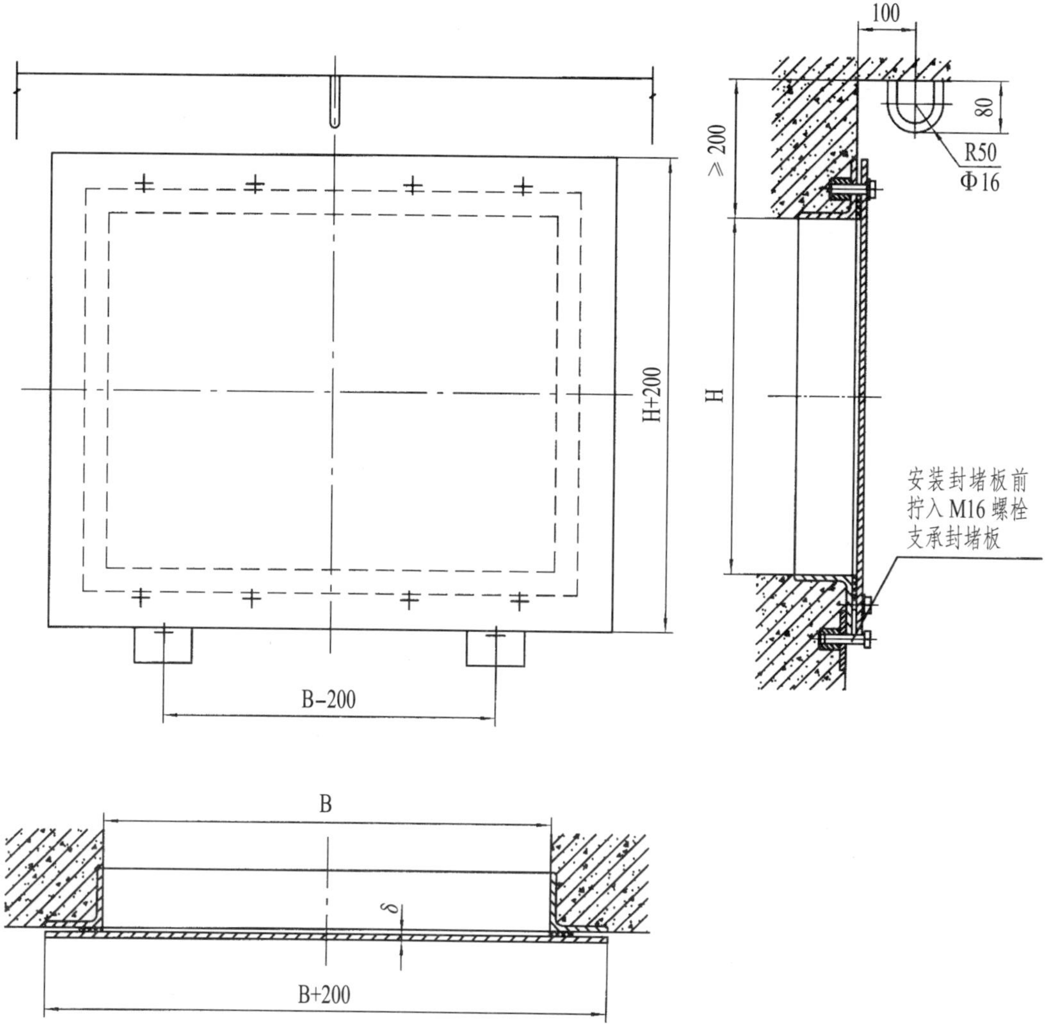

通风口双向受力防护密闭封堵板（一） | 页次 |

参数 型号	门孔宽B(mm)	门孔高H(mm)	封堵板厚δ(mm)	总质量(kg)
FMDB0606(5)	600	600	5	80
FMDB0806(5)	800	600	6	98
FMDB1006(5)	1000	600	8	128
FMDB1009(5)	1000	900	8	160
FMDB1206(5)	1200	600	8	144
FMDB1209(5)	1200	900	10	204
FMDB1406(5)	1400	600	10	182
FMDB1409(5)	1400	900	10	229
FMDB1606(5)	1600	600	10	200
FMDB1609(5)	1600	900	10	252
FMDB1806(5)	1800	600	10	220
FMDB1809(5)	1800	900	12	311
FMDB2006(5)	2000	600	10	240
FMDB2009(5)	2000	900	12	338
FMDB2206(5)	2200	600	10	262
FMDB2209(5)	2200	900	12	367
FMDB2406(5)	2400	600	10	281
FMDB2409(5)	2400	900	12	394
FMDB2606(5)	2600	600	10	302
FMDB2609(5)	2600	900	12	422
FMDB2806(5)	2800	600	10	322
FMDB2809(5)	2800	900	12	449
FMDB3006(5)	3000	600	10	343
FMDB3009(5)	3000	900	12	477

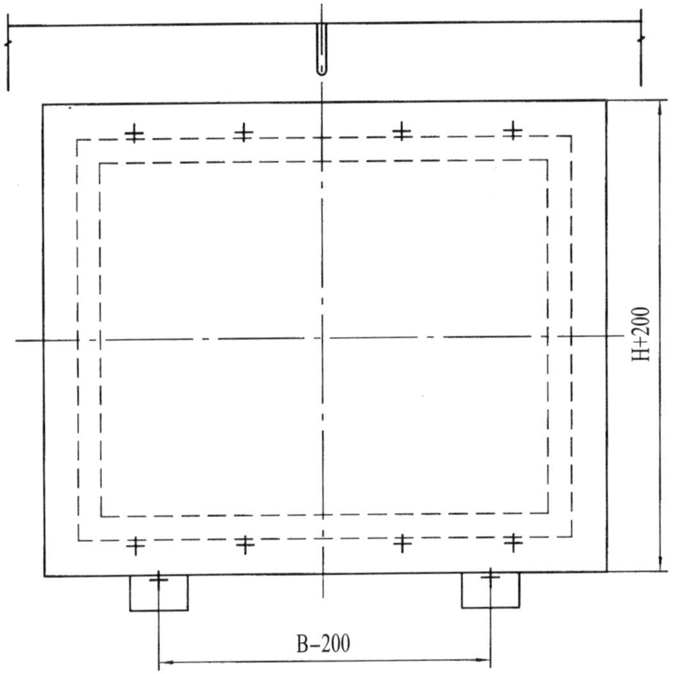

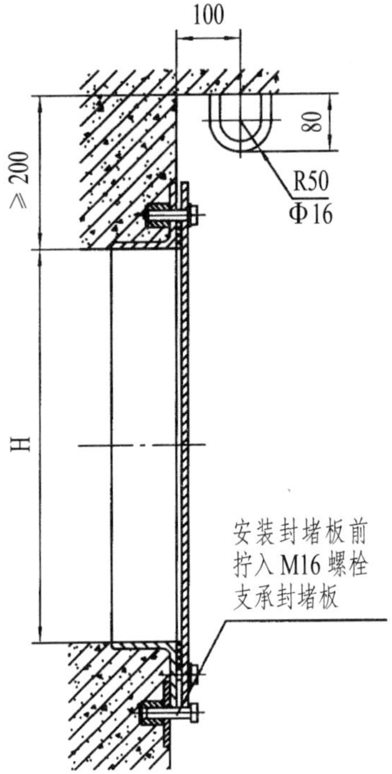

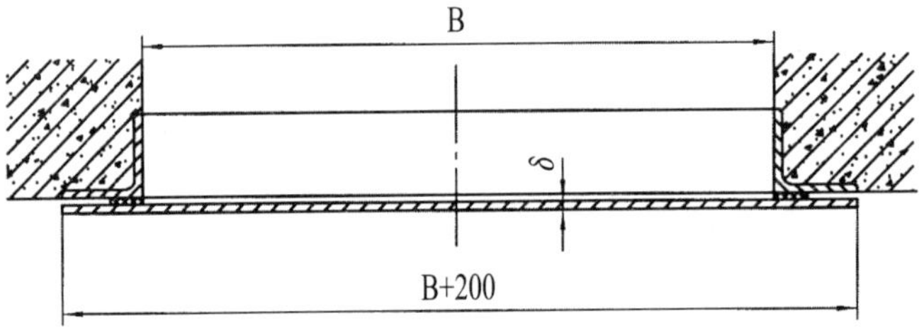

通风口双向受力防护密闭封堵板(二)

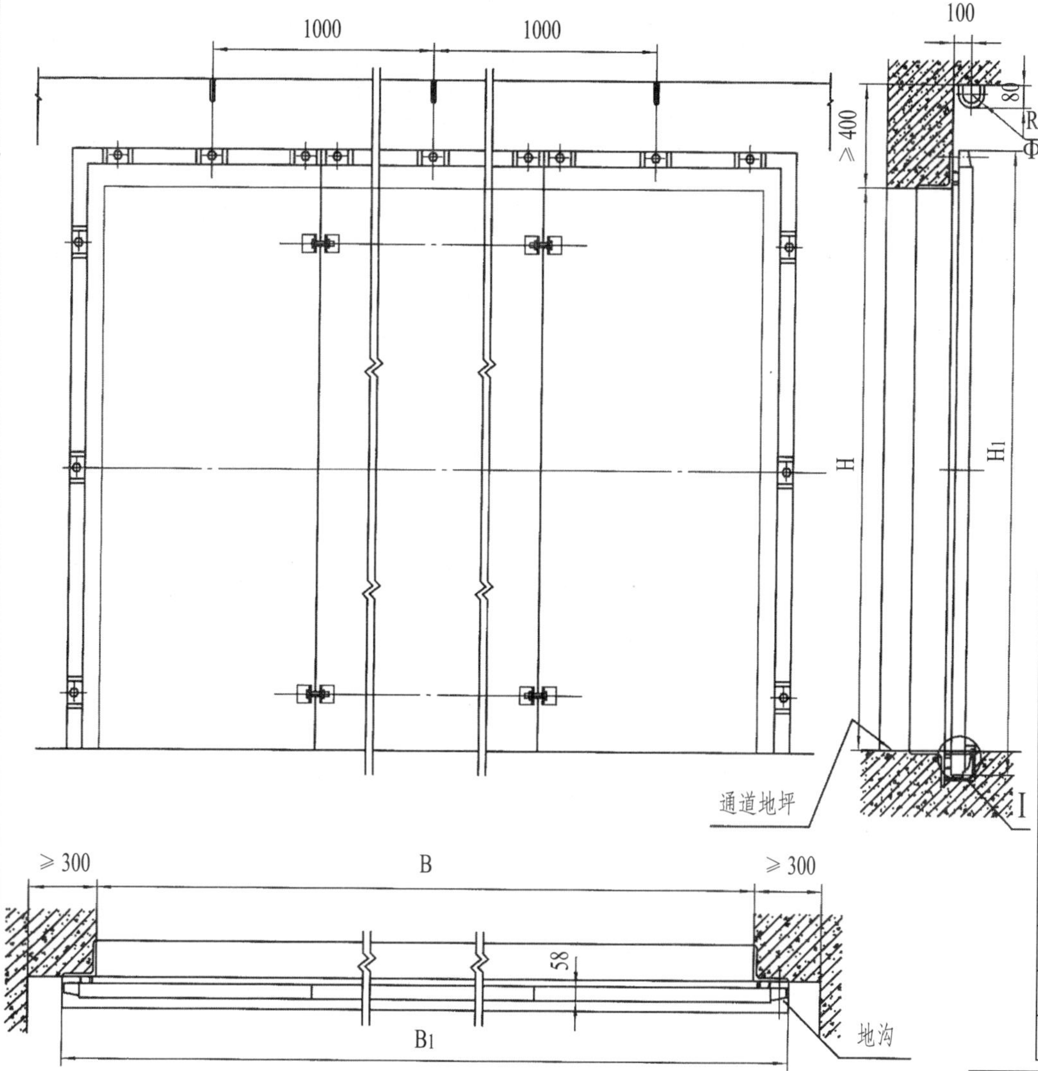

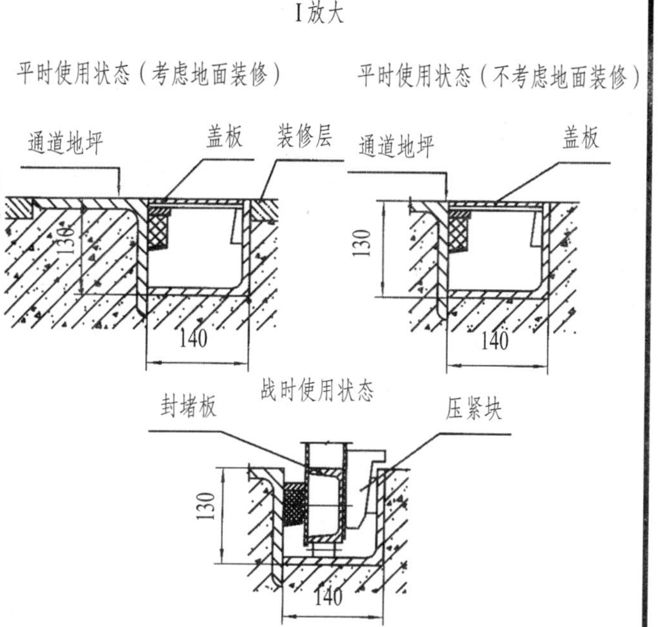

型号＼参数	门孔宽B(mm)	门孔高H(mm)	B_1	H_1	总质量(kg)
FMDB3027(6)	3000	2700	3320	2955	2005
FMDB3030(6)	3000	3000	3320	3255	2166
FMDB4027(6)	4000	2700	4320	2955	2604
FMDB4030(6)	4000	3000	4320	3255	2884
FMDB4525(6)	4500	2500	4820	2755	2905
FMDB5027(6)	5000	2700	5320	2955	3297
FMDB5030(6)	5000	3000	5320	3255	3430
FMDB6027(6)	6000	2700	6320	2955	3673
FMDB6030(6)	6000	3000	6320	3255	3965
FMDB7030(6)	7000	3000	7320	3255	4387

连通口双向受力防护密闭封堵板（一）	页 次	59

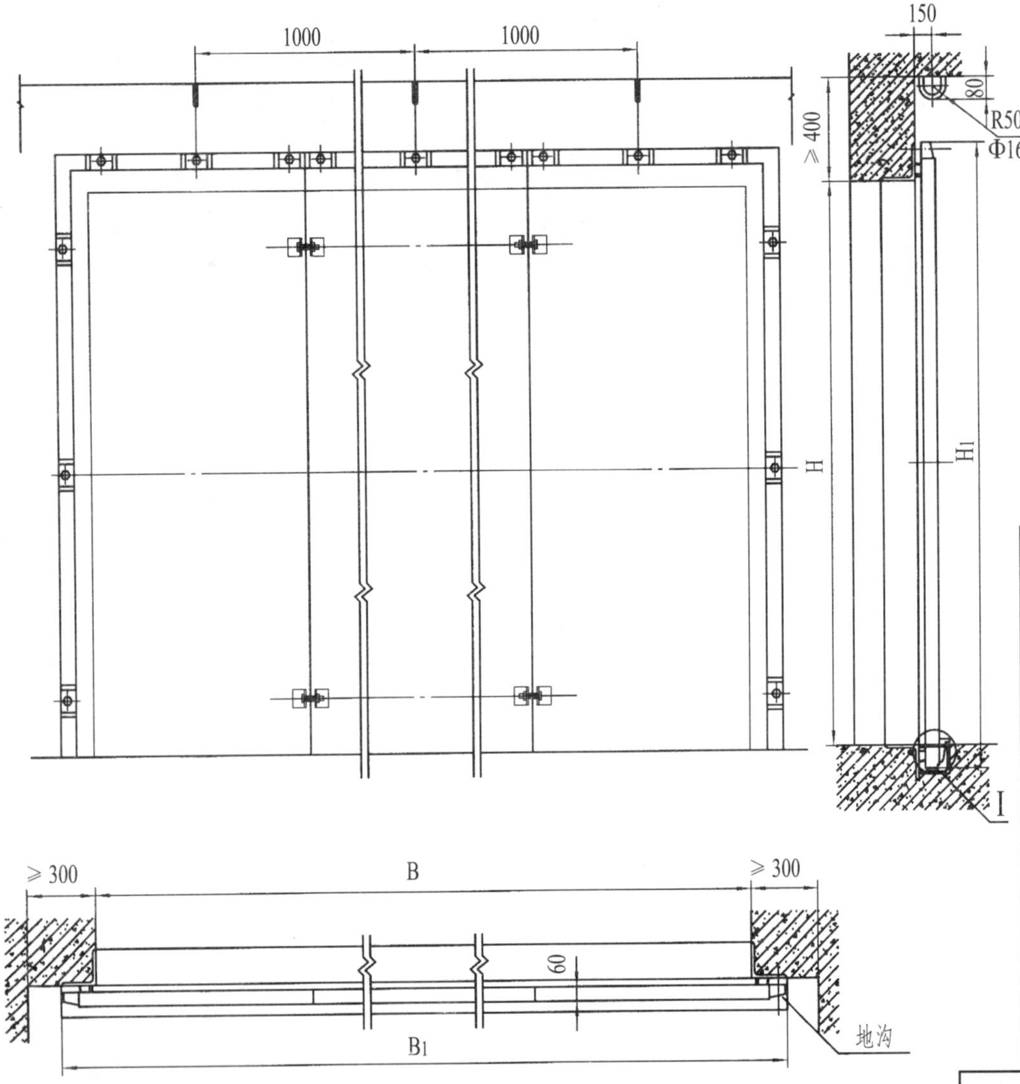

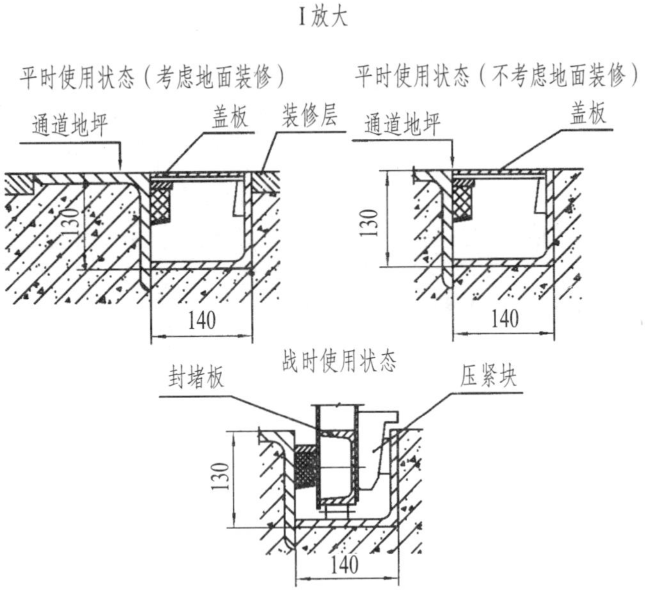

型号 \ 参数	门孔宽B(mm)	门孔高H(mm)	B1	H1	总质量(kg)
FMDB1220(5)	1200	2000	1520	2305	814
FMDB1227(5)	1200	2700	1520	3005	998
FMDB1527(5)	1500	2700	1820	3005	1220
FMDB3027(5)	3000	2700	3320	2955	2154
FMDB3030(5)	3000	3000	3320	3255	2393
FMDB4027(5)	4000	2700	4320	2955	2796
FMDB4030(5)	4000	3000	4320	3255	2976
FMDB5027(5)	5000	2700	5320	2955	3533
FMDB5030(5)	5000	3000	5320	3255	3688
FMDB6027(5)	6000	2700	6320	2955	3959
FMDB6030(5)	6000	3000	6320	3255	4280

连通口双向受力防护密闭封堵板（二）

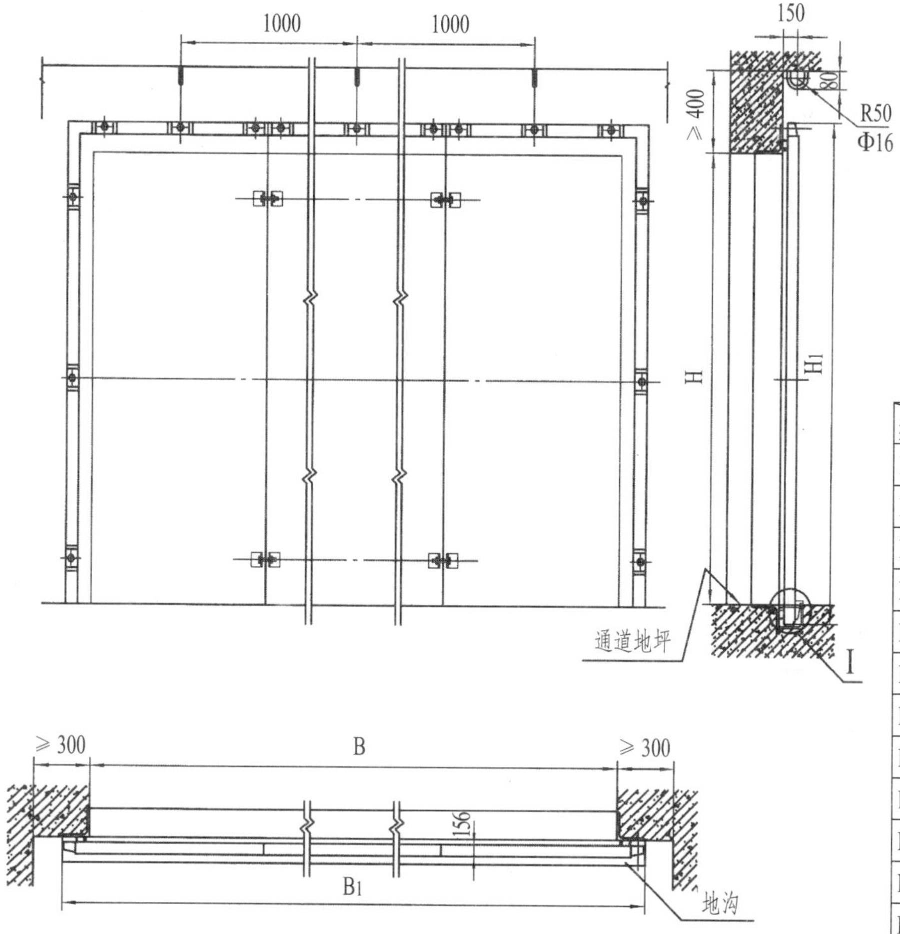

I放大

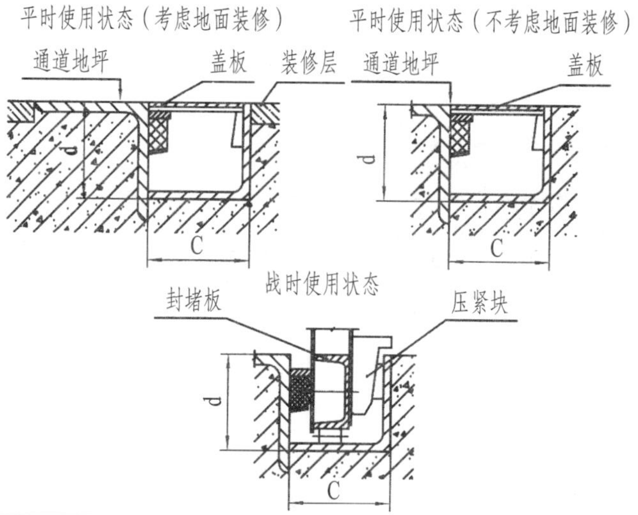

型号 \ 参数	门孔宽B(mm)	门孔高H(mm)	C (mm)	d (mm)	B_1	H_1	总质量(kg)
LFMDB3525（6）	3500	2500	240	134	3860	2775	3185
LFMDB3526（6）	3500	2600	240	134	3860	2875	3298
LFMDB4025（6）	4000	2500	245	142	4360	2775	3748
LFMDB4526（6）	4500	2600	240	134	4860	2875	4240
LFMDB4530（6）	4500	3000	240	134	4860	3275	5120
LFMDB5025（6）	5000	2500	240	134	5360	2775	4284
LFMDB5026（6）	5000	2600	240	134	5360	2875	4609
LFMDB5027（6）	5000	2700	240	130	5360	2975	4558
LFMDB5030（6）	5000	3000	240	130	5360	3275	4818
LFMDB6027（6）	6000	2700	240	130	6360	2975	5303
LFMDB6030（6）	6000	3000	240	130	6360	3275	6250
LFMDB7026（6）	7000	2600	240	134	7360	2875	6277
LFMDB7030（6）	7000	3000	240	130	7360	3275	6584

临空墙防护密闭封堵板（一）

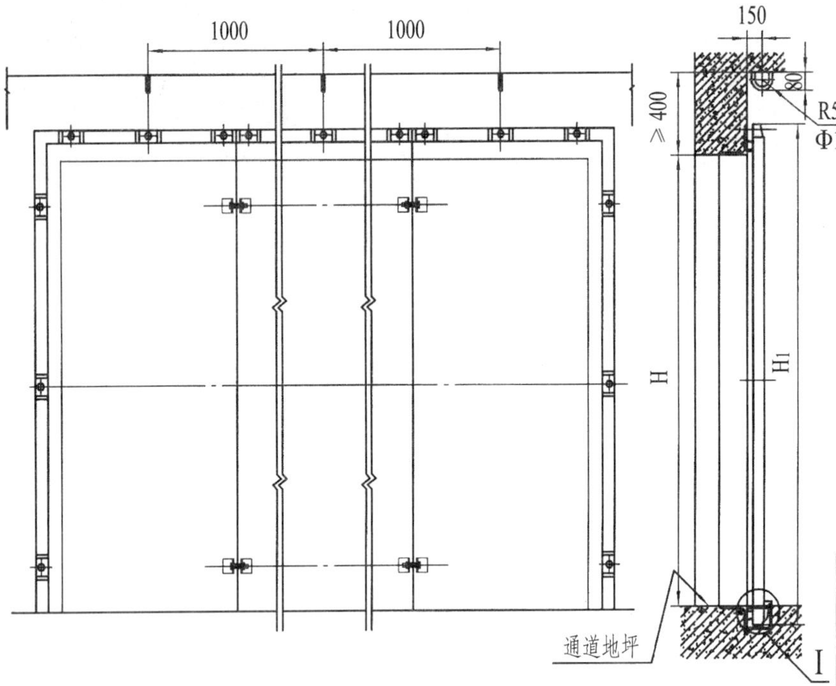

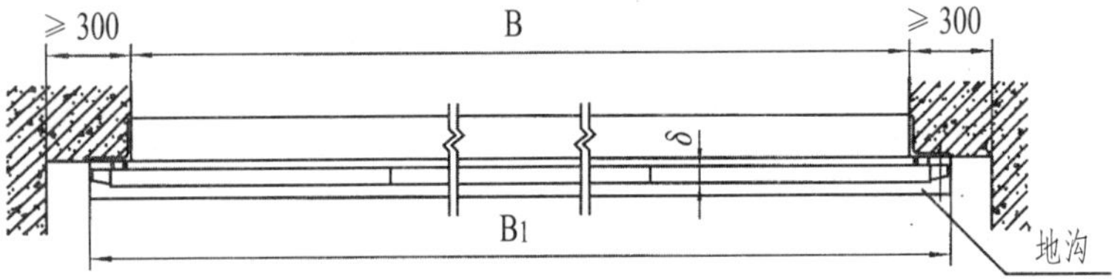

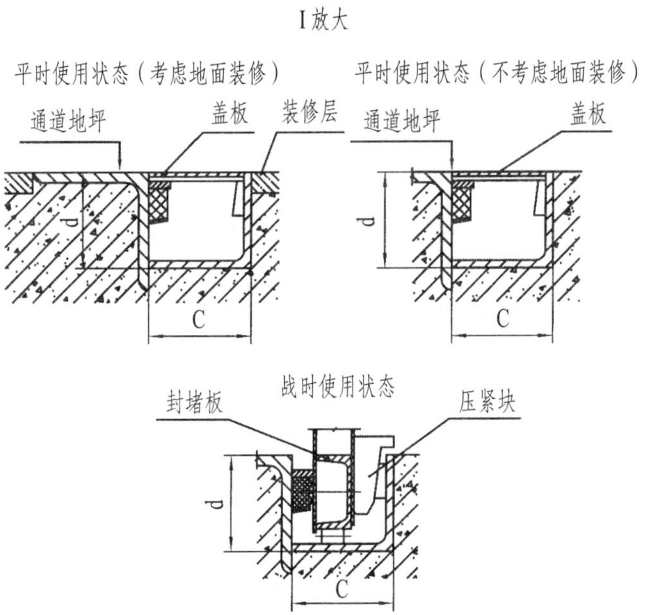

参数 / 型号	门孔宽B(mm)	门孔高H(mm)	C (mm)	d (mm)	δ(mm)	B1	H1	总质量(kg)
LFMDB1220(5)	1200	2000	200	142	116	1560	2328	1118
LFMDB1227(5)	1200	2700	200	142	116	1560	3028	1313
LFMDB1527(5)	1500	2700	200	142	116	1820	3005	1631
LFMDB2020(5)	2000	2000	243	142	156	2360	2328	1706
LFMDB3027(5)	3000	2700	247	142	160	3360	2975	3220
LFMDB4027(5)	4000	2700	247	142	160	4360	2975	4218
LFMDB5027(5)	5000	2700	247	142	160	5360	2975	5213
LFMDB6530(5)	6500	3000	300	130	220	6880	3280	6442
LFMDB7030(5)	7000	3000	304	130	220	7360	3275	8952

临空墙防护密闭封堵板（二）